你想成為怎樣的人，就從這一頁開始……

贏得一生尊榮與自在

THE GREATEST NETWORKER IN THE WORLD

約翰・福格 (John Milton Fogg) ◎原著

蔡淑賢、戴淑如 ◎譯

目錄

C·O·N·T·E·N·T·S

《三十週年增訂版推薦序》

幫助別人成功，也成就自己的人生

我是一位深耕直銷產業近三十年的從業人員，具有兩年直銷商、五年直銷媒體和超過二十年直銷公司管理職的經驗。我自認為熟知這個行業的一切，包括產品、制度、培訓、組織輔導和經營管理等等，但每當我翻閱這本書時，心中總是油然而生一種久違的悸動，那是對直銷本質的重新體悟，也讓我一再認知直銷最重要的核心價值：幫助別人成功，也成就自己的人生。

這麼多年來，我看到許多人因從事直銷，從平凡走向非凡，也看過許多人在挫折中落敗，選擇放棄，因為這條路絕非坦途，而是充滿了考驗與挑戰。這本書雖然離第一次出版日已三十年，但從今日的角度來看依然非常實用，可說是歷久彌新。對於那些想要重新找回初心、點燃希望、突破現況的直銷人來說尤其珍貴，因為它能夠為你撥開迷思雲霧，看清楚前進的道路。

書中的主人翁就像我們身邊常見剛開始經營的夥伴一樣，起初對自己的能力產生懷疑，對未來的發展感到迷惘，再加上家庭經濟的壓力，心中不免忐忑不安，進退兩難。直到遇見那位智慧的導師（書中稱之為最偉大的直銷商），引領他經歷一連串深刻的對話與反思，他才開始學會傾聽、學會提問、學會真誠對待自己與他人，也一步步走向想「成為那個人」的歷程。

「成為那個人」，這句話深深觸動了我。這些年我輔導過許多團隊，經常提醒領導，告訴他們，直銷不只是賣產品而已，而是經營一份事業。要透過成長與帶領，創造出一種影響力，才能建立一個優質的團隊，事業也才會穩固。這份影響力的源頭，不是技巧，而是真正理解「你是誰」。你是否真心相信自己？你是否看得見別人的潛力？你是否在乎自己能為他人創造價值？

《贏得一生尊榮與自在》有別於一般條列式的管理類書籍，它是以小說的方式進行，所以讀起來分外輕鬆有趣。文中雖然不講大道理，也不強調制式的行銷技能，卻能讓讀者在日常的情境與對話中，不知不覺中建立起對直銷事業正確的觀念和堅強的信念。在我任職的公司裡，我經常推薦夥伴們看這本書，也辦過幾場讀書會。看到他們分享這本書的讀後心得時，眼神亮了，心態變了，行動也開始積極了，這就是這本書最神奇的地方——它不只改變人心，更喚醒人心。

走直銷這條路的人都不容易，不但常被誤解，也常被挑戰。但唯有我們內心堅定，信念清晰，才能在風雨中站穩腳步並持續前進。我也從這本書中深刻體會到，做直銷，真正的尊榮不是來自位階與收入，而是來自你在影響他人生命時的感動與價值；真正的自在，不是無拘無束，而是你擁有選擇人生方向的能力與自由。

如果你是剛踏入直銷的新手，這本書會讓你看見成功的可能。如果你已經走了一段時間卻遇上瓶頸，它會幫助你重新定位。如果你是團隊領導人，它將是你培育核心幹部的最佳教材。

受邀寫序，對我來說是個難得的經驗。因此在動筆前，還特別Google了一下，其中一段還挺有趣的。他說：「推薦序跟書評或導讀不同，推薦序不需要幫讀者摘錄重點，也不需要評價作品優缺點，它主要的目的是『幫忙賣書』；而且借用的是推薦人在這個主題領域裡的信譽，好讓未來書籍上市後，當認識自己的人看到自己名字出現在書上且有推薦該書時，願意拿起來瞧一瞧，最後買下這本書。」有鑒於此，所以，如果你認識我或聽過我這個人，請相信我的經驗和判斷，要了解直銷真正的內涵，不用去道聽塗說，也不用去理會社會真假難辨的資訊，看這本書就對了！

附記：我個人非常喜歡這本書的書名：贏得一生尊榮與自在，短短的幾個字，道盡了直銷成功的過程是艱辛的（要拚才會贏），但獲得的是一生的尊榮（出人頭地，受人敬仰）與自在（不用為錢煩惱而且時間自由）。在此，謹向原著作者與譯者致敬，你們真的是寫得太好了！

葉國淡
（新加坡商全美世界台灣分公司總經理、
中華民國多層次傳銷商業同業公會副理事長）
二〇二五年六月

三十週年增訂版序

三十年前，《贏得一生尊榮與自在》初次問世，陪伴無數剛起步的直銷人度過迷惘期、找到堅持的動力，也啟發過不少領導人撐過停滯期、跨越發展的瓶頸；這本書不是成功公式或技術大全，而是一段讓人願意一讀再讀的成長故事。作者以親身體驗，將直銷的實戰經歷，以淺白生動的敘述，有如紙上電影般，一幕幕展現在讀者眼前。

書裡的主角，也許正是此刻的你。當他正準備放棄時，帶著疑問踏進最偉大直銷商的家，一場沒有投影簡報、沒有業績曲線、卻影響一生的旅程就此展開。每一個章節的故事，都不是抽象的觀念，而是讓你看見——直銷的成功，其實是從一種態度開始。

整整三十年了，這本書得以歷久彌新，因為它點出了成功最關鍵的起點——建立自信的習慣。當一個人能夠看見自己的價值、相信自己的能力，願意透過學習、練習、複製裝備自我，他就已經踏上改變的奇妙探險，準備迎接脫胎換骨的自己。

這次改版，除了重新整理文字，讓節奏更貼近現代的讀者，並在每一章章首加上導引語，畫龍點睛出故事的關鍵訊息，章末新增延伸思考問題，讓你從閱讀走向行動，從故事走進現實。閱讀增訂版，你會發現，這不只是一本「好讀」的書，更是一本可以陪你對話的好書。

每個人都可能是下一位偉大的直銷商，關鍵不在於你知道什麼，而是你願不願意開始——開始相信、開始行動、開始去成為（書中說Being）：成為一個願意學習、敢於突破、值得信任的人。

願你翻開這本書的今天，就是人生開始改變的第一天；看完本書，你也能贏得一生的尊榮與自在。因為認真的你，值得這樣的未來！

二〇二五年六月

初版序

時至今日，直銷這種經濟活動，全世界至少有四千萬人從事，也就是每五十個人中，就有一個直銷人存在。在美、日等先進國家以及亞洲地區，如台灣、馬來西亞等地。直銷已逐漸變成一門「顯學」；換句話說，直銷的觀念與知識，已經不限於少數特定對象。

如果您是以下幾種人之一，直銷的知識與資訊您不可不知道：

1. 想要創業的人——您需要知道低風險、高報酬的事業機會。
2. 尋找成功機會的人——您需要知道成功者的特質與自我改造的方法。
3. 初加入直銷的新手——您需要掌握成功的工具，諸如積極的心理建設、直銷實戰技術、目標設定與時間管理學。
4. 直銷界的老兵或領袖——您比任何人都需要全盤掌握直銷的資訊、知識與方法。

5. 管理與趨勢研究者——包括管理、心理相關科系的教授與研究生，需要瞭解這一門新的行銷方式與就業機會其未來的趨勢與影響。

在台灣，已經有超過15％的人口參與過直銷，如此成長幅度將直銷事業迅速帶向了國際化與專業化。

直銷大環境正在從封閉走向開放，直銷需要對社會大眾做更多、更廣、更有的溝通。有什麼方法能夠讓從事直銷的人更加成功？那就是——不斷學習。

有系統的學習，是成功的捷徑。系統化的學習，包含以下四個步驟：

1. 設定學習目標。
2. 擬定學習計畫。
3. 規劃學習資源。
4. 落實學習效果。

為了滿足直銷界朋友學習的需要，傳智國際文化與各國最傑出的作者與訓練機構合作，陸續推出行銷系列叢書，其內容涵蓋：個人成長系列、專業知識系列、實戰技術系列、組織管理系列、溝通與領導系列、保健系列等方向。

誠如石滋宜博士所言：「企業領導人每天要做的事就是學習。」我們相信學習是培養直銷領袖最好的方式，也期望共同為直銷事業創造良好的學習環境。

第一章

最後一場會議

本來只是星期四晚上的例行講座，沒想到卻像開啟了任意門……

我永遠忘不了那個難忘的夜晚！在那天晚上的聚會，我第一次見到了世界最偉大的直銷領袖，就如同一些現在非常成功的直銷商所說的一樣，那天晚上是我生命的轉捩點，我的生活就此步上康莊大道。

我想，首先必須告訴各位，當時我的生活是多麼糟！

那時，我加入某一家直銷公司已達四個月之久，但情況一直不好。事實上，這整件事根本就像是一個天大的鬧劇。

當時與我共同使用過產品的朋友都同意：公司的產品的確不錯，但是對我而言，問題出在我無法找到任何對這個事業機會感興趣的人：我以兼職的方式從事直銷事業，每個星期工作約三十個小時；也就是說，我將每天晚上與大部分的周末時間都投注在直銷事業上。每個月一五〇美元到二百美元的零售利潤，就是我所得到的全部代價。

我常告訴自己：「這真的是太可笑了！」

有一天，我突然大夢初醒：我的居家辦公事業，所謂的「明日之星」時薪算起是一・五六美元。但是，我的孩子們視我為陌生人，我的妻子生活得不快樂，而且我們之間的距離越來越遠，就像她是住在阿拉斯加一樣。顯然，直銷事業根本不適合我，而我也不適合當直銷商。

我已經下定了決心：這是最後一次參加聚會了！

飯店的會議廳，如往常一般，擠滿了人。當我走進房間時，我注意到在房間前面，有個人被眾多人群圍繞著。我拉著一位認識的直銷商到一旁，指著那群人，問道：「這個被眾人圍繞的人是誰？」

「喔！他是這世界上最偉大的直銷商！」她指出：「你想要和他認識嗎？」

「當然想！」我回答。於是，她就帶著我往那群人走過去。

那個被圍繞在中間的人，有著令人驚訝的英俊容貌——全身上下經過刻意修飾，看起來像四十歲出頭，穿著非常高尚、端莊，但是，一點都不讓人覺得他是在炫耀。很明顯地，他非常的成功，渾身上下都散發著成功的氣息。

他的衣服一定非常昂貴：有高級鈕孔的英國西裝、非常棒的暗紅色花領帶，胸口的口袋穩穩躺著一條手帕，將暗紅色領帶襯托得更加出色。還有，如我所預期的，手腕上帶著一個純金的勞力士手錶，在袖口處引人注目。

我注意到，他的襯衫袖口有英文字母縮寫，字母縫線的顏色與襯衫顏色一模一樣，非常精細而且別致的感覺。

就在這個時候，圍著他的人群出現一小條通路，我的朋友拉著我，擠進人群的最內圍。

這位最偉大的直銷商，正聚精會神地傾聽站在我正前方的女士長篇大論，突然他的眼光與我相遇。我看到他拍拍那位女士的肩膀，請她稍待一會兒，然後，正視我的眼睛，並且和善地向我伸出手。當時，我突然有些緊張。

他說：「嗨！真的非常高興能見到你！」他告訴我他的名字，並詢問我的名字。

通常，我能夠非常輕鬆地與人寒暄，並報上自己的名字。但是，那次的情形完全出乎意料之外。我竟結結巴巴半天說不出話來，這是我二十五年來未曾發生的事；他握著我的手略加用力，詢問道：「你好嗎？」

我的回答非常傳統，但我不記得到底說了什麼，只記得像是「我很好，謝謝你的關心！」之類的話。但是他反問我：「真的嗎？這是真正的情形嗎？」在我還來不及意會、禮貌性避開他的問題之前，我發現自己正在向他訴說真實的情況有多糟！而他聚精會神傾聽我的抱怨，那是一種我從未感受過的經驗，我真的感覺到他在聽我說話，是那種切身的感覺。

我告訴他有關我的直銷事業、我的妻子，全盤托出，毫無隱瞞；我也告訴他，這是我最後一次參加這樣的聚會，因為我天生就不是做直銷的料，我確切地告訴他：「這不是我的事業！」

他一直面帶微笑地看著我。突然間，我發現，我說話時，他從頭到尾都握著我的手，接著他問我：「聚會結束後，你有沒有時間可以跟我聊聊？」

在我還沒找到藉口拒絕之前，我已經聽到自己說：「天啊！那真是太好了！」我說話的表情聽起來竟像一個十幾歲的小男生。

他向我道謝，然後，讓向先前同他講話的女士，和她一起談著走開，坐到講台右方的前排座位上。

我則坐在會議廳的最後排，長久以來，那都是我的專屬座位，因為坐在那裡我覺得舒服、沒有壓力。而且我知道，那是隱藏自己的最佳座位。

在正式會議結束之後，一群群剛加入的新直銷商，正雀躍著與他們的推薦人準備離開，進行會後會；而我則準備取我的大衣，赴那位最偉大直銷商的約。一抬頭，看到他正迎面走過來，臉上依舊帶著溫暖的微笑，我指著他的笑臉說：「你知道嗎？假若我可以找到包裝你微笑的方法，我就擁有最完美的產品，可以在幾個星期之內，成為百萬富翁。」

他的笑聲來得非常快，而且大聲，笑聲隨即擴散到整個會議廳，使得那些要離開的人都轉身望向我們，讓我非常難為情。

「太棒了！」他大叫：「謝謝！我的笑容真的很不錯，對不對？我告訴你，其實，這個笑容是我攬鏡一步步修正之後才建立起來的，而且我並不是任何時間都有如此的笑容。」

「我為有如此的笑容感到驕傲！」他笑得更開心了：「我也覺得非常棒！」

「走吧！」他一邊說，一邊挽著我的手，走向大門，「我們去喝咖啡，順便找些東西吃，你吃過晚餐了嗎？」

我告訴他，我在聚會之前抓了一包豆子，在樓下的商店買的。

「我就是在那裡吃晚餐的，那裡的食物與服務都不太好，餐點選擇很有限，價錢也高。」他笑著說：「你知道嗎？那家商店真是個令人失望的店！」

我笑著同意他的說法，和他在一起，我感覺非常自在；他真的是在非常短的時間內，就改變了我的感覺。

「那麼，你現在最想吃什麼？」他問道。

在我可以禮貌性的回答—不是真正的想法—之前，他又開口了：「這是個非常誠懇、認真的問題，就現在這個時刻，你最想吃些什麼？」

我深深吸了一口氣說：「義大利菜。」

「很好！」他說：「我也有同感，我帶你到一個我非常喜歡的地方，好嗎？從這裡去只要十分鐘。」

「開你的車？或我的車？」我問。

「開我的好了！」他回答：「車就停在門口。」

你知道我預期這位全世界最偉大的直銷商開什麼樣的車子，國外進口，當然是非常昂貴的。當我看見服務生將他的車開來，我猜是七〇年代中期福特的卡車，簡單漆成灰色，我非常驚訝！

我想他也看出我失望的神情或其他的感覺，他笑著問我：「看起來，你期待的不是這輛卡車！」

「是的！」

「那你預期的是什麼樣的車子？」

「我也不確定，……賓士……保時捷……勞斯萊斯……或其他較高檔的車。」

他的笑聲又再次散佈在飯店的入口處，這個人似乎不是用嘴笑，而是從腳趾頭開始笑，連站在一旁的服務生也在笑。

「其實，你剛剛提到的車我都有，但是我最喜歡這輛卡車；你知道，山姆・華頓（Sam Walton）是全美國的首富，據說擁有價值兩億兩千萬的財產，但是，他也開卡車；這車對山姆叔叔來說已經夠好了……」他並沒有繼續把話說完。

他交給服務生一張十元的鈔票，向他道謝，並表示希望能夠很快地再見面。然後，突然停步，彷彿記起什麼事情，轉身問那位年輕人：「克里斯，你的直銷事業發展得如何？」

這位年輕的服務生看起來像個大學生，回說：「謝謝你，我的事業發展得不錯，上個月已經晉升督導了，非常感謝你將我介紹給芭芭拉，她是最棒的人！」

「很好！」最偉大的直銷商表示：「克里斯，你非常努力工作，而且很聰明，所以一定會成功的！那你的下一步是什麼？」

這個年輕人想了一下，說：「我會繼續待在這家旅館工作，也許一個月，也許三個月；你告訴我有關這個旅館的事情，都是正確的。」年輕人仰頭注視著這棟旅館說：「我在這裡遇見了一些最棒的人，我有一些想去旅行的地方；我們有一群人要去聖安東尼，我想，我會跟大家一起去幾個月，之後，誰知道？也許德國，也許日本。」

「讓我知道你的計劃，我在日本有一些認識的人，你也許有興趣見見他們。」我的新朋友提議。

「謝謝！有需要，我一定請你幫忙。」這個年輕人誠懇的回答，而我可以從他的音調判斷出來，他一定會去日本。

「晚安，克里斯。」最偉大的直銷商由車窗揮揮手，我們就離開了。

在前往餐廳的路上，我們閒聊了一下。事實上，他只是不斷地發問，而我則滔滔不絕地回答。

他問我住哪裡……在市區的哪一區……我喜不喜歡住的地方……鄰居都是哪些人……房子是什麼樣子……孩子喜不喜歡那個房子……他們的學校好不好之類的問題，我不是故意要將情形描述得像是質詢，何況事實也不是如此。只是，他似乎非常好奇，對我非常感興趣，而且讓人很容易就與他聊起來。在往餐廳十分鐘的路上，我告訴他，有關我的生活與家人，而我說的比我過去幾十年說的還要多。

當我們到達餐廳時，有一位穿制服的人走出來，熱情地問候我們，並幫我開車門，問我是不是第一次到他們餐廳。

我給他一個肯定的回答，他說很高興見到我，並且希望我會喜歡我的晚餐。然後又給了我一個建議，假如我喜歡吃新鮮的魚，他推薦鯛魚特餐。

我向他道謝，但覺得有些不自在，因為我並不習慣別人如此對待我，尤其是像這種一流的接待。

一位領班引著我們走進餐廳，最偉大的直銷商看起來像是餐廳的頂級貴賓。而且我也注意到，在往座位的路上，他不斷地與服務生及顧客微笑、打招呼，直到我們坐下，我告訴他：「你跟我真的是兩個不同世界的人！」

「怎麼說？」他問。

「在這裡的每個人都充滿微笑、溫馨與和善……你似乎認識在座的每一個人，而每個人也都認識你，並且喜歡你。你是不是這家餐廳的老闆，還是有其他原因？」

他又是一陣大笑，我發現，我對他的笑已經不再那麼敏感了。

「你告訴我，」他收起笑容，問我：「當這些你說的『微笑和溫馨』發生時，這裡給你什麼樣的感受？」

這是什麼樣的問題！「這裡？」我問：「你是什麼意思？」

「這裡表示餐廳裡，我們周遭的空氣、氣氛，你注意到什麼？」

我深吸一口氣，也漸漸地習慣他那特別的問話方式，所以，我仔細想了一下，回答他：「我感覺到嫉妒，也很好奇，我想要知道，我要如何做才能擁有像你這樣的生活？」

我們的晚餐持續了兩個多小時，這是我吃過最好的食物，也是說過最多話的時候。他所做的事情就只是對我提問：「你告訴我多一點關於……」或是「關於那件事，你能不能再多說點？」而我所做的事情，就是將我從未與別人，甚至我的妻子，分享的秘密全部都告訴他。

在晚餐交談時，有幾次他提出問題，只是要確定他瞭解我想表達的意思。但是，對我而言，其中還是有些非常奇怪的情況；例如，有時候他會問我某件事是不是真的？而在所有的談話中，我並沒有真正提到那件事情。

我知道，我的描述並不清楚，我可以舉一個例子讓你明白。

我曾談到我最早在麻州的一家電腦公司工作，稱它為一家「公司」有些牽強，因為事實上，只是一群年輕人—被稱為「破壞者」—在電腦剛發明的早期一起混日子；對我而言，那是一段非常振奮的時期，工作充滿樂趣，周遭的人都非常狂熱、聰明而且有動力。然後他問我：「所以，你是位拓荒者，是先鋒？」

現在，你知道我剛剛說的是什麼意思了吧！

「先鋒？」我反問他：「不，我不是先鋒，我只是從其中得到許多樂趣，那是電腦早期的開發時期，我們只是玩玩而已！」

「有任何人做過相同的事嗎？」他問我。

我猜沒有，我也告訴他同樣的答案。

然後他又說：「所以，我說你是個先鋒嘍？」

我一定是滿臉狐疑地看著他，因為他將身體往後靠到椅背上，突然爆笑出來，不過，我已經不再為這些笑聲感到尷尬。而餐廳裡的其他人，似乎也不覺得他的笑聲有什麼不妥；當他的笑聲出現時，其他人只會轉向他，對他微笑，然後回到自己原來的談話中。

「呵！……天啊！」我結結巴巴地說：「你真是有辦法，你能讓我解除全身的防禦系統。在你面前，我無所遁形。好吧，在那個時候，就某一方面來說……我應該是一個先鋒。」

他看起來有些吃驚：「那個時候？現在不是嗎？」

他是根本不可理喻，或是有其他原因？「好！」我有點煩躁了：「我現在也還是一個先鋒，但是，我好像把蓬車弄丟了……」當我說這些話時，我有一個強烈的感覺，我知道他下一句要說什麼，一定是有關「交通工具」，我非常確定。

但是，他什麼話都沒有說，一片沈寂。我覺得非常不安。

最後，他開口問：「你剛剛在想什麼？」

「什麼時候？」我反問他，好像有點反應太快了，我舉起手，搖搖頭說：「不，等一下，我知道你問的是什麼，只是……嗯，我……我不知道。」

「你說，這樣發展下去結果會如何？」我問他：「我的意思是，你一直對我提出問題，並且對我說一些從來沒有人對我說過的事情，而這些事情讓我不得不停止，我不知道該對你說什麼？……甚至不知道該思考些什麼？」

他還是沒說一句話，只是身體微微地往前傾，稍稍將頭轉向右邊，面向我，像是為了要確定他會聽到我所說的每一個字。可以這麼形容他：期待著，好像他正全神貫注地傾聽我的下一句話會是什麼；入神的，好像他對我所說的話已經完全接受，雖然他還不知道我會說些什麼。這讓我感到很自在，解除了警戒系統。

我覺得我快要窒息了，心中所有的感覺全部湧上來，很強烈且非常重要的感覺，突然間，我覺得非常傷心。

「我只是想要成功！」我有點激動，說話略為不清楚：「我已經非常厭倦這日復一日同樣的生活……厭倦我沒有足夠的錢去做我想做的事，或給我的妻子與孩子他們應該有的東西，像迪士尼樂園。」

我說：「我想要帶我的孩子到迪士尼樂園、去大峽谷；我想要自由自在；我想要有時間……有創意……有控制權……而且，是的，我想要成為一個先驅，一個領先者，因為我喜歡那種感覺！」

「但是……？」他輕聲地問。

「但是，我不知道如何才能達到這些目標？」我的聲音肯定像在哭喊：「我早就聽過那些要培養正面、積極思考及態度的演說，不下一百次，或者一千次，對我就是沒有用，直銷對我也沒有用，或者我應該說，我不適合做直銷，事情就是這樣！」

「我看過其他人加入直銷事業，很多人，所以我知道，這是個可行的方法。而且我知道，他們並沒有我聰明、比我優秀，或工作比我更努力；只是，我好像沒有辦法，讓事情如我所願。我試過了，我真的嘗試過了：我努力打電話，聯絡我名單上的人，就是沒能成功！」

我失望地看著他，問道：「我到底是哪裡做錯了？」

他將頭靠回椅背上，抬頭看著天花板，肩膀上下動動，又深又長地吸了一口氣，然後將眼光停駐在我的臉上。

「讓我向你展示我是如何從事這個事業，你覺得如何？」

「你在開玩笑嗎？」我大聲問，聲音大到餐廳裡的每個人都轉過頭來看我們：「這個主意太棒了！」我依然驚叫，但已極力將我的興奮控制到最低程度。

「很好，」他說：「我們從明天開始，這裡有一些我要你做的事情。」

他交給我一張紙，上面寫了地址，告訴我，那是他住的地方，要我明天下班之後到辦公室找他。那個地址看起來像離市區約有九十分鐘的車程，於是我告訴他，我在六點三十分之前可以到達，他覺得那個時間正好。

然後，他伸手到公事包，取出一個墨綠色亮紙包的包裹，從它的大小和形狀，我判斷那是一本書。

「給你，」他說，同時將東西遞給我，「這是你的作業，我希望你在明天我們見面之前讀完，可以嗎？」

「全部嗎？」我問。

「對的！」他裝出很嚴格的樣子，然後，自己忍不住地笑了：「不用擔心，你很快就會讀完的！」

他付了晚餐的費用，我向他道謝，而他卻向餐廳裡的每個人道謝。

他開車送我回到今晚聚會的飯店，因為我的車子停在那附近。這次，換我發動問題攻勢，問他住哪裡？他的房子、鄰居……在我問了四、五個問題之後，他轉向我，微笑著說：「聰明的孩子，你學得可真快！」

他讓我在停車場下車，道過晚安，他的卡車就消失在夜色中了。

我目送他離開，直到他的背影已經超出我的視線。然後我打開車門坐進車裡，轉動鑰匙、發動暖車，我坐著不動，什麼也不想地看著前面。

我突然想到，那本書呢？於是，迫不及待地把書從夾克口袋抽出來，打開包裝紙，將正面向上，想先看一下書名。雖然街燈非常昏暗，但是，燙金的標題在墨綠色的封面上還是非常顯眼，書名是：《你不知道自己不知道什麼！》

我興奮地打開書，快速地翻了前面幾頁，在我翻了十或十二頁之後，我停住了——這書上一個字都沒有！

是的，這本書的每一頁都是空白的！

看完這章請想想：

1. 你是否也曾像主角一樣，想要放棄某件事，但內心仍隱隱希望有人能理解你、幫你一把？那時的你，需要的是什麼？
2. 在你的人生中，有沒有出現過像「最偉大的直銷商」這樣的角色——他不給答案，只是用真誠聆聽讓你看見自己？他是誰？你還記得那段對話嗎？
3. 如果你現在也收到了一本《你不知道自己不知道什麼！》的空白書，你會想在第一頁寫下什麼？

第二章

講真話

來到一棟陌生卻迷人的房子，展開一連串意想不到的對話……

第二天，時間過得就像蝸牛走路一樣，非常的慢。那天是星期五，每個星期五都是這樣。

到了下午三點三十分，我已經忍不住了，於是，決定離開辦公室。我拿出他昨天給我的那張地址，在地圖上確定一下方位，就上路往市區北方開去。

我估計，會比約定時間提早一個小時到，如果我沒有迷路的話。「管他的！」我心裡想。我可以在車上看書或聽錄音帶，我想到他昨天給我的那本書，不禁失笑，就是它了！我如果太早到，就在車上看那本書，我越想就笑得越大聲。

大約十分鐘後，我已經開出市區、進入郊區。二十分鐘後，我開車經過一個有著大片山坡綠地的農莊，座落在市區的北邊，一整片就像野餐用的綠色地毯。

今天天氣真好，是個可以開展覽會的天氣，就像很多明信片上的風景，也許也是個可以騎摩托車兜風的好日子，我回想起從前的時光。

陽光非常燦爛，天上的白雲一朵朵大大的，一路上，我把雲的形狀和動物聯想在一起；我打開收音機，開始哼起歌來，突然，我注意到剛剛自己所做的事有些不好意思，但是，隨即一想，就我一個人開車，有什麼好難為情的？還真是個奇怪的人！

根據昨天和他在路上的談話，我大概知道他的房子是什麼樣子，他告訴我，一旦我開到哈克貝利街，看到右手邊有一道灰色木頭的長籬笆，就可以從樹林中看到他的房子，聳立在小山丘上，旁邊有一個池塘。

我想我沒有迷路，旁邊就是那道木籬笆，我將車子開到路邊停下來。趴在方向盤上，由前面擋風玻璃望出去，想要仔細地看看那個房子和周圍的土地。

我不知道那棟房子是哪種建築風格，不像有十字形木頭裝飾的都德式建築，看起來像是英式建築，房子很大，卻不會過於富麗堂皇。但是，比起我以前曾參觀過的房子，當然是非常壯觀的，看起來像是建築文摘（Architectural Digest）上、積架或勞斯萊斯汽車廣告中的房子。

在主要建築物的周圍，還有一些建築物，其中有一棟可以非常明顯地看出來是馬房，另外一棟看起來像是大房子的縮影，可能是客房、車庫，或是有其他用途，旁邊還有其他的房舍。所有的屋舍都漆成和籬笆同樣的淡灰色，木製部分則是較深的炭灰色。每棟建築物都覆滿了常春藤，周圍則種滿了綠樹——巨大的橡樹、楓樹和松樹；那些樹都非常高聳，好像很早以前就在那裡了，四周有許多灌木叢及花園。

整個環境看起來就是不同凡響！事實上，我一直夢想著能夠擁有這樣的房子。雖然我右手邊是樹林，而在樹林中還有不少的矮樹叢，但一路上望去，整片地都是經過精心整理，地上連落葉都沒有。

還有馬……有六匹，不對，有八匹馬，也許有更多馬，在通路和房子之間的草地上吃草。那些都是非常駿美、血統純正的馬，有三匹是純灰色的。我很喜歡馬，尤其是有灰色斑紋的馬，事實上，我也曾做夢，夢見自己擁有馬。為了看清楚一點，我走下車。

當我走近馬場的籬笆，我對最靠近的馬叫了一聲，牠抬起頭看看我，然後立刻快步跑向我。

就在那時候，我注意到，有個人騎著一匹馬，從樹林裡向我跑過來，是他。我叫的那匹灰馬和最偉大的直銷商同時跑到我的面前。

「哇！你當真吸引了牠的注意，牠不隨便接近人的，除了瑞貝嘉之外。」

他說話的同時，以非常輕鬆漂亮的姿勢，從馬上跳了下來。我想，他一定常常做這個動作。

「很高興再次見到你！你早到了一個小時。」他說這話時並沒有看手錶，「你好嗎？」他走向我，並向我伸出手。

「我很好，」我回答：「……只是有點緊張。」

他又笑了，和往常的大笑一樣：「你真是學得很快！非常謝謝你對我誠實，但是，你緊張什麼呢？」

「嗯！」我指著他的大房子說：「星期五下午，我不常在這樣的地方出現，你的房子，嗯……你的房子非常壯觀。」

「是的，我有同感！」他回答我，跟我一起欣賞他的房子、樹林和草地。

「你知道，」我告訴他：「我曾做夢，夢見自己有一棟像這樣的房子——有馬、房子、樹，和一大片草地。」

「很好啊！」他說：「那你想不想買這棟房子？」

「什麼？」我大聲問他。

「我可以把它賣給你。」他轉過身，看著我的眼睛說。

「我想，我現在還沒有能力買！」我自嘲地說。

「我不記得我說過要賣多少錢，我說過嗎？」

「沒有！」我承認：「你的確沒說過。」

「那，你怎麼知道自己是否買得起這棟房子？」他問。

「好吧！」我嘆口氣：「你要賣多少錢？」

「兩千六百萬元，」他平心靜氣地說：「你想買嗎？」

「不要再說了！」我不想再談了，開始感到煩躁，並且明顯地表現出來，「簡直荒謬，你知道我根本沒有那麼多錢！」

「我根本不知道你有沒有錢，」他解釋，心平氣和地看著我：「而且那也不是我要問的問題，我只問你，想不想買這棟房子，想或不想？」

「你問得毫無意義！」我斷然地說：「我根本無法想像那麼一大筆錢，我要如何……」他提起我的手，我的話戛然而止，我可以感覺到自己一定是滿臉通紅，我的腳甚至在發抖，好像剛剛是在跟別人吵架，氣到發抖。

「想或不想？」他又問了一次：「你想不想買我的房子？」

「不想，你實在太荒謬了！」

「我才不荒謬，」他說：「事實上，你才荒謬，一個人最荒謬的事情之一就是不敢說實話。」

「什……什麼？」我驚訝到說話有點結巴。

「你在說謊！」他堅定地說，眼光同時閃爍著淘氣和認真，而我則是嚇呆了。

「請你告訴我，」他溫和地說：「我現在所說的是否正確？在這世界上，你最想要的就是買我的房子，那就像是一個夢想成真。我並不是問你，你是否有足夠的錢來買房子，我只是簡單地問你，你想不想買我的房子，想或不想？」

「好吧！如果是如你所說的那種情形，是的，我想要買你的房子。」

他嘆了一口氣，並深深地呼吸說：「那就是我說的情形。」他重複我的話：「現在，你告訴我，當別人對你提出問題時，你是不是時常覺得很難以回答？」

「嗯……」我想說些什麼，但是又搖搖頭，不知道怎麼回答。我看著他，想要從他臉上找到線索，找到正確的答案。

「這問題沒有標準答案，」他對著我說，好像可以看穿我的心事，「現在只有你自己的答案。」

我們安靜地站著，過了一段時間，他看著我，而我卻是左顧右盼，不敢看他。當我終於鼓起勇氣抬頭看他時，他說：「在你我之間，我堅持我們都要說實話。我知道對你而言會很困難，那是因為你並沒有真正聽明白我說的是什麼，你聽到的只是你告訴自己你要聽的部分，而不是我原來真正的含意，對不對？」

「對！」我告訴他實話。

他點點頭說：「我昨天晚上給你的書，你讀過了嗎？」

我不知道該如何跟他說，一本沒有文字的書要怎麼讀？

「有或沒有？」他耐心地說。

「有！」我回答。

「那，你認為那本書怎麼樣？」

「我不知道……」

「很好，」他大聲說：「現在，你跟我上去我的房子，然後告訴我你有什麼想法及看法。」

我轉身，踉踉蹌蹌地走回車子，不太確定我該有什麼想法。所以，從那時候起，我試著不去想任何事，只是看著眼前要走的路。

看完這章請想想：

1. 你有沒有哪個夢想，總說「不可能」，但其實只是因為你不敢承認你真的很想要？那是什麼？為什麼不敢說？
2. 當有人問你「你想要什麼」時，你是否也曾像主角一樣，用「我沒有錢」來逃避真正的答案？如果放下現實考量，你會怎麼回答？
3. 這一章，最偉大的直銷商說：「一個人最荒謬的事之一就是不敢說實話。」你認為，有哪一件事你還沒說出實話？你準備什麼時候說？

第三章

揭示秘密

他說了一個寓言故事，大師為什麼不肯收留前來求道的年輕和尚……

這棟豪宅及其四周近看時更顯不凡，每件事都無與倫比，包括恰到好處的不完美——在屋牆的石頭上，有灰白色的褪色痕跡，隨興的花園，由於不拘形式而別具一格。這個地方一點也不矯揉造作或趾高氣昂，一點也不像我在某些圖片上所看到的富豪之家。這裡，有人味，確實有人住在這裡，這一點，從那三隻綁著的狗，自我下車就一直快樂地歡迎我，應該可以證明。

「喔！我看，你已經被正式地歡迎過了。」最偉大的直銷商說。當他穿過主屋旁高大的石牆時，狗仍熱情地吠著。「容我向你介紹席佛先生及夫人。」他拍拍那一對高大、銀灰色的獅子狗，牠們的鬈毛被修得很整齊清爽，因為要是修剪不得當，這種狗會看起來像修剪過的樹。

「還有，這是杜釵，」他輕輕撥弄著一條黑色的狗，「杜釵和我們在一起才幾個月。」他彎下身子讓一條搖尾示好的小狗撲著玩。

「我們猜牠被車撞過。」他說：「沒有人知道牠從哪裡來的，但牠現在被我們收養了。」

「走！到我的辦公室去。」他站起來，我們穿過我剛剛在路上看到的小屋。

「我已經在家上班好幾年，我認為目前這樣的安排應該是最好的了。」他在我們走進這棟建築物時告訴我：「在我居家辦公室和住家之間，保留一些物理上的距離，而又能讓這兩個地方如此接近，真是太完美了！」

他的辦公室顯得朝氣蓬勃，有明亮的陽光，處處都有盆栽，輕鬆、舒適，而且有品味。

一樓有兩個部分，進門就是一個客廳，穿堂邊有一架小的老式桃花心木鋼琴，靠近火爐邊有兩張大沙發，覆蓋著美洲原住民的毯子。兩張椅子對放著，中間有一張咖啡桌，上面散散放著書。

另一邊則放著魚缸般的玻璃瓶，流瀉著秋牡丹、粉雛菊。在櫸木地板上則有多種尺寸及顏色的東方地毯，還有一面寬廣的雙向拉門。拉門的另一邊是另一個小一點的房間，正中央擺了一張價值不菲的大書桌，有如房中突出的島。兩個房間都掛滿了畫，還有滿滿的書架，我從來沒看過這麼多書。

「你幾乎有個圖書館了。」我誠實地說，這還是相當保守的說法呢！

「是的，」他說，應該有一千本以上，也許更多，「我喜歡書，我喜歡各式各樣的資訊，你呢？」

「資訊？」這是蠻令人好奇的形容方式，「當然。」我說。

「那麼告訴我，」他問：「我昨晚交給你讀的那本書，你有什麼心得？」

「《你不知道自己不知道什麼？》」我問。

「就是這本，」他深深坐入一張大沙發，「就我讀過的所有書，這本是最重要的。」

我嘗試從他臉上去解讀他真正的意思，懷疑他是否在開玩笑……或是他在耍我。但他只是直直地看著我，相當坦誠且面無表情。

我也坐了下來，「嗯……我不知道。」

「很好，」他竟然說：「太好了！」

我很想說一些深奧的話……應該向他展示些什麼呢？可以讓他知道我……但是事實上，我沒什麼好告訴他的，我不知道該說些什麼。

「我想告訴你一個故事。」他說。

「請說。」

「日本在許多年前，佛教的出家僧眾有一種傳統，他們必須走訪各大寺廟，尋找能教誨的大師。在這樣的習俗中，大師往往為他的客人奉茶並且打禪機。

「有一天，一位年輕和尚走訪一個道場，這個道場有全日本最神聖的廟宇，而且那兒有位年高德劭的睿智大師，他乞求大師接見，希望被收為弟子，可以與大師一起生活、學習。

「這位年輕和尚因為享有盛名，所以寺廟的接待人員立即帶引他到大師的修行處。這是非常不尋常的舉動，讓這年輕和尚受寵若驚。

「大師走進來了，兩人互相鞠躬行禮，然後坐在榻榻米的矮桌旁交談。年輕和尚陳述自己的行腳、他所聽過的教誨、對他追求真理有裨益的僧侶，說得非常生動。大師很專注地聆聽，並多次頷首認可年輕和尚的機智及聰慧。

「這時，有人送進一組茶具，大師將兩個茶杯斟上茶。年輕和尚向大師提說：『我希望留在這兒向你請益，我感覺到這裡不同於其他地方，你應該可以啟發我……』

「突然，這年輕和尚驚叫一聲，瞬間跳了起來，抖動他的僧袍，只見滾燙的茶流注到他的大腿及膝蓋。

「大師沈靜地坐著繼續倒茶，茶水早已漫過茶杯，流過桌面，流向年輕和尚坐的榻榻米地板。

「『您在做什麼？』年輕和尚有點命令的口吻，『我被燙著了！別倒了！茶水都漫出來了！』

「『你走吧，年輕人！』大師說：「我沒有什麼好傳授你的，你的杯子已經太滿，被你的已知及自認為未知的事情填得溢出來了。等你的杯子空了，而且準備好接受我要給你的啟示時，再回來找找。』」

我們靜默坐了良久。回想起來，那是我第一次在那麼長的時間裡，心中毫無任何雜念，我不再自言自語。

然後，他開口說：「你非常想在直銷界上成功，不是嗎？」

「是的。」我回答。

「你真的了解一些操作技巧嗎？」

「是的。」

「而你也確實知道還有很多操作細節是你還不知道的？」

「是的。」我回答。

他稍稍坐高，離開沙發背，在他陳述下一個想法時，直接面對我，謹慎地遣詞用字。「你所知道和你以為自己不知道的，都無從幫你創造你所渴望的成功。」

他停頓了一下繼續說：「成功的關鍵，繫於你所不知道自己還未知的部分，你懂嗎？」

「不懂，」我實話實說：「我一點都無法了解你的想法，我如何去知道一些我根本不知道自己還未知的事呢？」

「你是不能！」他說：「那正是——秘密。」

看完這章請想想：

1. 你有沒有過那種「以為自己很懂」，後來才發現其實還有很多不知道的事？那一次的經驗對你來說，最意外的是什麼？
2. 當你想學一件新東西時，你通常怎麼開始？是先找資料、問別人，還是直接動手做？這樣的方法對你來說，真的最有效嗎？
3. 如果現在有一本空白的書，要你寫下「接下來想探索的事」，你會想從哪一個方向開始？為什麼？

第四章

內心電影院

他請我閉上眼，看一部以我為名的電影——關於我未來的人生……

每天重複的行為，正在慢慢刻畫生命的方向。原來自信，也是一種可以選擇的習慣。

當我看錶時，時間已超過凌晨一點。我們幾乎談了六個半小時。整個過程是，我一直在說話，就像我們初次見面時一樣，他接二連三地問我問題。

我們並不是全在談直銷，整個交談的內容是以我為主題——我的過去、現在、未來。對我而言，很神奇的一點是，像我平常是鷹眼般盯著時鐘的人，竟然一點也沒察覺到時間的流逝。

不僅如此，我還感到真正的平靜、輕鬆和自在，甚至覺得我比這幾年要年輕多了。我一向對週遭事物過於焦慮、對未來充滿懷疑，但這時候好像都一掃而空，我覺得更有希望，而且非常有朝氣。

我們的交談有兩個部分是我永難忘懷的，我們談到我的「價值觀」及「人生目標」。

整個交談過程，他只是問我這些和那些是不是我的「價值觀」。起初，這個問題丟給我時，我不確定他真正的意思。

他用慣常的方式來解釋何謂「價值觀」，他指出，那就是對我而言，生命中最重要的本質，他並且以「成功」為例來說明。

成功當然是我的價值觀，我自己都說過了。他問：「成功對你有何意義？」

我說：「你知道的！」

「不！我不知道！」他插了句話：「只有你知道成功對你的意義何在，我所能做的只是告訴你，我認為成功對你有什麼意義，但那不同於你自己發覺的。我有興趣的是你認為的意義，而非我想的。」

好吧，我想。我深吸了一口氣，開始解釋成功對我的意義。

我說完後，他摘要我的話：「因此對你而言，成功意味能夠實現你的欲求及夢想？」

我同意。

「成功能給你什麼呢？」他問。

我想了一下說：「自由。」

「好，」他說：「價值觀通常成對出現，一個會顯示出另一個。只有一個是不完整的……」

「等一下！」我插嘴：「你是說一直如此？為什麼成對？」我馬上覺得自己太唐突了，我應該輕聲地問。

「或者，你可不可以解釋一下那是什麼道理？」我充滿歉意。

他不以為意地接受我一再打斷談話。「好問題！」他笑說：「讓我換個方式回答你，為什麼上帝要諾亞帶成對的動物到方舟上？」

我臉上驚愕不解的表情八成很喜劇化，從他看我的神情及註冊商標式的爽朗笑聲可得知一二。

「噢……呵……！」他搖搖手指，像一個教授正在做重點陳述：「我們可能需要再舉一個例子，更實際一點的，」他咯咯笑不停：「告訴我，你知道自己為什麼有兩個眼睛嗎？」

「因為複焦點的視覺……看得更深遠。」我以學堂上的知識回答他。

「對！很好，但我們似乎不是真的需要兩個眼睛，是嗎？一個眼睛也能發揮很完整的功能呀！但兩個眼睛同時做工時，他們增廣了『視野』可以看得『深遠』，而且，」他又舉起教授般的手指，「一個眼睛可以『回應』另一個眼睛的視覺，給它一個參考。」

「你的價值觀也是，一個會支應另一個，它們會讓你的視野更寬廣。」

我可以捕捉他如詩的言語，但實在搞不懂他在說些什麼，因此一臉的疑惑。

「沒關係，」他像在安慰我：「看看你剛剛告訴我些什麼，你有沒有看出『成功』和『自由』對你而言是相互有關的嗎？」

我回說我知道，我記得告訴過他，我的生命好像被困住了，沒有成功，我覺得自己像個囚犯。

「所以你可能說，」他繼續為我剖析：「成功對你而言，提供了通往自由的道路，這正是一個價值觀提供另一個價值觀參考及可尋的脈絡。」

「是的，我了解它們是同工的……」我開始體會他所說的，這種感覺很像是視野被開啟了。

「我猜想，」他說：「你是不是覺得生活中每件事都被局限了，就因為你成功與自由的價值觀不曾兌現。」

在我們的交談中，我發現還有其他成對的個人價值觀：感激及認同、冒險及樂趣、溝通及權力、服務及貢獻、夥伴及領導、關係及親近……還有很多很多，這些似乎都很重要。

接著他問：「什麼是你的人生目標？」

這是我被問過最大的一個問題。什麼是我的人生目標？我老實對他說，我不知道。

「我要你跟我一起做件事，」他說：「當我想知道某些事卻還摸索不清時，我常玩這個遊戲。」

我同意玩玩看，並問他需要我怎麼做。

他要我閉上雙眼，挺直背坐好，雙手放在腿上，然後深深地、長長地、慢慢地呼吸幾次，盡可能地放鬆。

我照著做。

然後他說：「我現在要你運用想像力，想像自己正站在戲院前面，有很多人在外頭等著進場。你抬頭看著大看板，上面有很大很大的字，寫著你的名字，以及

『有關他不凡一生的真實故事』。」

「你走了進去，找個位子坐了下來。」

我努力地想像……

他繼續要我想像燈光暗了下來，音樂聲逐漸揚起，銀幕上開始放映電影。

他要我描述自己想像中銀幕上播映的內容，他不斷問我電影發展的情節，要我詳細地說明我看到的事件與人物。過了一會兒，他停止追問、靜靜地坐著，而我則繼續「觀賞」關於我一生的電影。

不知道過了多久，我才睜開眼睛。而我一張開眼，就看到他坐在那兒對著我微笑：「好了，你看到了些什麼？」

「真的很不可思議！」我回說：「我這輩子從沒做過類似的事。」

「很好，」他說：「怎麼回事？」

我形容了一些影像：有一些很有趣的，還有成長過程中一些悲傷的片段，另外也有一堆我不曾做過卻在我的電影中出現的事。

例如我在一個充滿人群的大廳中接受頒獎，人們起立向我致敬；我對著另一群人上課或簡報，他們深受我所說的內容感動……我寫了一本書……還有很多幕是，我到很遠的地方去旅行，日本、中國、蘇俄……令人驚訝的是，有那麼多不同且美妙的事。

「最後的結局是什麼？」他問。

「十分有趣，」我告訴他：「它就在這裡結束，就在這個房間裡。不過，不是你坐在你現在的位子，而是我坐在那裡，另一個年輕女生坐在我現在的位子，我正在問她有關她的人生目標。」

換他閉上眼睛，我們悄然無息地坐了一陣子。然後，他看著我，點了點頭。

「那麼，什麼是你的人生目標？」他又問。

「教導，」我說：「我是個老師、作家，我教導人們如何成功，並且享有非凡的自由，我向他們開示如何達成人生的目標，我指導成千上萬的人，為他們的人生帶來深遠的轉變。」

我不知如何描述當我在說這些話時，經歷了多麼不凡的體驗。

看完這章請想想：

1.你有沒有過那種時刻，暫時忘記現實的忙碌，去想像「如果人生可以重新剪輯」會是什麼樣子？那個畫面有什麼讓你特別動心的地方？

2.當你說「想要成功」時，對你來說，那其實是什麼意思？是自由、被肯定，還是實現某個夢想？

3.如果你可以寫下人生電影的下一幕，你希望主角接下來做出什麼決定？為什麼？

第五章

超越輸贏的目標

孔雀開屏的早晨，讀了一本關於教孩子打球的書，卻看見經營事業的方式……

我在偉大直銷商的辦公室二樓，一間客房裡過了一夜。當我們結束談話時已經很晚，而他又邀請我參加明天一早他辦的一個訓練，所以，他要我留下來住一晚。由於我沒有帶換洗衣服、牙刷、刮鬍刀等用品，我向他表明我有點不安，他要我不必擔心，他會準備好的。

「設定好你的鬧鐘，我們七點鐘一起吃早餐，希望你能舒服地睡一覺，晚安。」他離開時說。

我準備就寢時，才驚覺自己還沒打電話回家給我太太。現在已經凌晨一點多，她應該睡了，把她吵醒會讓我感到良心不安，但我知道吵醒她總比讓她不安來得好。

我找到電話打給凱西，告訴她我要明天才回家，而且是在世上最偉大直銷商的家裡作客過夜。

電話那一端傳來她睡意甚濃的聲音，我馬上向她道歉。她打斷我，說她不曾掛慮，她知道我會平安無事的，她倒是很好奇這段時間發生些什麼事。雖然她和我一樣想睡，但我實在忍不住要把這七、八個小時所經歷的一切，詳詳細細地告訴她，她聽得入神，也為我高興。我們已經好久沒有這樣交談了。

「有趣！」掛上電話，我想：也許我太太並不是我們當中冷漠的一方。

回想我們電話中的交談以及我告訴她的事，我躺在床上，腦海再次浮現白天的事物，最後停在一幕——我站在一個高朋滿座的講台上……

我醒來的第一個感覺，就是覺得自己多年來未曾如此輕鬆愉悅，這時，時鐘才指向五點三十分。

我捲在從櫃子裡找到的毛毯裡，房裡微寒，窗子一夜未關。從窗外傳來聲響，鳥兒們正在木屋右側的樹上，開著創業說明會。我起床躡足走過冰冷的木板時，忍不住打了個寒顫。我打開落地窗，悄悄地走上陽台。

棲息在我眼前欄杆上的，是兩隻高大且美得驚人的孔雀。我不曾如此近看過孔雀，即使在動物園也一樣。兩隻中較小的一隻，是純白的、沒有太長的尾翼。我猜另一隻較大的是公的，有著長長的尾翼，最少有六、七尺，彷彿穿著一襲中國宮廷華麗長裙。

鳥兒受我驚擾的程度，遠低於我被它們驚擾。它們靜坐在木欄杆上，頭左右擺動且傾斜一邊，好像要從不同的角度來拍攝我。我感到有點窘迫，慢慢抽身回到房內。突然聽到啪地巨響，緊跟著唰唰聲，我轉回頭注視著公孔雀。它全身羽翼開展，正朝著我前後走動地展示孔雀開屏。太奇妙了！

我沒有相關知識足以了解孔雀的習慣，以及它為什麼會這麼做。我不敢確定它是否打算攻擊我，或是在跳求偶舞，或是有其他意圖，所以，我快快欣賞孔雀開屏後，速速回到房裡，一邊忍不住讚嘆：實在太帥了！

我很快地沖了個澡，再次包裹著毛毯，走下樓去。壁爐裡點著火，沙發上有一堆衣服用紅繩綁著，上面有張便條寫著：「早安，這裡有衣服及膠底便鞋，希望合你穿。若需要些什麼，請用任何一具電話撥二二，我們七點見。」

膠底便鞋？是什麼樣的訓練呀？

我組合了一下衣服，這是一套色彩明亮的運動休閒裝，白色的Ralph Laure馬球衫及灰色毛織襪。我想，這應該是個很特別的會議。

我穿好衣服，鋪好床，走下樓，重新撥弄爐火，並添加了一些柴火。在靠近壁爐邊的沙發上有一本小書，書名是《孔雀：繁殖與管理》，我順勢拿起書，坐在沙發上翻閱。七點一到，他拿著一個灰色大盤，穿門而入。

「早呀……早安，還好嗎？」

「棒極了！」他說：「你看到小黑及珍珠夫人了嗎？」並指向我正在翻閱的那本書。

「孔雀嗎？」我疑惑：「是的，一隻黑肩的公孔雀和一隻母孔雀，它們多大了？我知道從尾巴的長度，可以判定它至少有五歲了。」

「你學得真快，」他說：「小黑十五歲了，至於珍珠夫人，我猜也許年輕個兩、三歲，從你讀的書，你知道它們可以活上二十五歲或更長。」

「我從未如此靠近過孔雀，『美麗』還不足以形容它們。」

「是的，」他滿足地吸了口氣：「它們是華麗高尚的生物，如同行走的花園，它們一直提醒我生命中可能存在的美麗，以及我和其他生物的關係。」

「這種動物，只是單純地美麗，它們不需要做任何事，它們是美的代言人，不止如此，」他眼中閃著詼諧的光芒，「擁有孔雀的人可以享有無比的樂趣。」他把大灰盤往前移，坐到前面，「我們來吃早餐吧。」

他打開蓋子，是豐盛無比的早餐，有新鮮水果，還為我準備了法式土司和咖啡，而他只是簡單地喝了杯茶。

「你沒吃嘛！」我在吃完一片肥厚多汁的甜瓜後問。

「嗯，」他說：「我很少吃早餐，它會使我變得遲緩。我吃一些補充食品，再喝一兩杯茶。有時候，我們全家會一起吃一頓豐盛的早餐，例如在周日早晨，我也很喜歡那種方式，但我通常不吃早餐或午餐，因為不想整個人慢下來。」

「那麼，」我求他：「告訴我這個訓練課程。」

他走進辦公室很快轉身出來，拿了一本小的平裝書，丟過來給我，我一把接住，把它翻到正面看著標題，大聲念出來：《如何教孩子玩棒球及壘球》。

他告訴我：「有很多教人如何從事直銷的好書及訓練，這是最好的一本。」

「教導孩子？」我質疑，而且我猜自己明顯地表現出無法置信。

「是的，」他回答：「教導孩子。」

「當我初學如何經營直銷事業時，我們並沒有像現在這樣，有這麼多教人如何成功的書籍及錄音帶。我所知道的，都不是從書上學來的。」他說。

「你的意思是？」我問。

「直銷是一種完全不同的思維模式，你知道什麼是思維模式？」

「水磨式？」我突然一個腦筋急轉彎，他停下來盯著我看了一會兒，爆出響亮的笑聲。

「妙，太妙了！」他調息了一下說：「思維模式……說快點，聽起來像水磨式。不錯！你知道我的意思，當我們給別人意見或觀點時，有時會提醒他們需要水磨工夫，思維模式正是如此，是一種觀念及我們看事情的方法。」

「直銷的思維模式，」他站起來繞著沙發邊走邊說：「是從本質上不同於其他事業的思維模式，需要我們完全擺脫一般評核事業的方式，去欣賞及了解它。」

「舉例來說，在我們的產業中，每一家公司，不論它的產品及服務多麼與眾不同，競爭的關鍵都在於如何接觸新人，如何帶領他們開展展直銷事業。你知道嗎？這種從各種角度進行的競爭態勢，不存在於其他產業。」

「是的，我了解。」我點頭同意，當他繞室而行時，我的眼睛和耳朵也都跟著他繞。

「現在，我們來看看這特有的競爭環境：業界有一種勢力，也就是每個直銷商都提供他們認為最好的創業機會，這十分正常，不過，他們如何從事是值得多加思考的。」

「可悲的是，他們大部分只是把『最好』兩字，移植在舊有的價值思維模式上，他們企圖拿『最好』來削弱競爭態勢，例如『我的狗比你的狗好』。」

「要是你用在福特與通用汽車的競爭上，或許行得通，」他繼續說：「或如同幾億身價的市場占有率爭奪戰，像啤酒、可樂等在電視廣告上慣用的手法。但是**當從事直銷的人員削弱其他公司時，他們同時也削弱了整個產業。**」

「結果怎麼回事？你想想我們是一個口耳相傳的事業，於是沒多久，外界充滿了各種批評這個公司不好、那個公司有多糟、其他公司也不怎麼樣的流言。」

「你想聽一個神奇的分析嗎？」他問。

我點點頭。

「每一個積極正向的消費者口碑，都附帶著十一個負面的批評。所以，我們不妨試想一下：任何有關你本身、公司或產品的正向說法，都有十一個負面的說法四處流傳，幾乎呈幾何式的增長！不論是站在我們這邊或與我們對立都一樣，沒多久，這十一個消極、負面的評述，會變成二十二個、然後四十四個，接著倍增到成千上萬個。假使有個人向其他五個人轉述直銷界裡的不良事例，而這五個人再各自分享五個人，然後就這麼一路傳播擴散下去。」

「你知道我為什麼要談這些嗎？」他問。

我知道，因此開始覺得不安。

我記得自己在說服別人不要加入別家公司時，所用的一些說詞——我們公司是真正唯一好的直銷公司，也是唯一正派經營的。

我從沒想過，我說服的對象會心想：「我為什麼要加入這樣的事業？難道這個產業中的公司，除了這家以外，都只提供一些二流商品、不公平的獎金制度、不善待直銷商嗎？」

此刻，我心中滿是懊悔，自己曾在世界上散布這麼多負面的說辭。

「我知道你明白我在說什麼，」他明顯從我黯然失色的表情上得知：「每一個直銷商都有責任推銷自己所屬的產業，就如同在推銷各自的產品及創業機會。」

「你是不是以為新聞媒體該為直銷的負面報導負起責任？」他問。

「直到今天早晨以前，我是一直這麼認為。不過，現在我想是我們自己該負責，我們每一個人，包括我。」我不安地回答。

「是的，」他說：「我們是該負責，我們當中的每一個人都該負責。」

「直銷是自由的極致，」他繼續說：「自由業中最自由的一種，這是正面的想法，就像一個銅板有兩面，它的另一面，則是責任。」

「**直銷真的是一個責任事業，我們因負責而取得報酬。我們負的責任越多，報酬也就越多。**這就是為什麼我們用『上線』這個詞，因為你必須為你引進的人負起責任。」

「當你為一個上千人的組織擔負責任時，你就可以賺到不少錢，那是很美好的事，也是理所當然的。」

「其中有些很有趣的事。」他停止踱步、走到我跟前。

「你現在最關心自己如何在這事業裡存活，尤其是必須背負責任去創造成功，對嗎？」

「對。」我說。

「好，現在，要是你去關心整個產業的成功，當它是你的責任，那會有什麼不同呢？」

「噢，哇……」我說，向上看看天花板，然後移回眼睛看著他說：「我可能不會花太多時間把注意力集中在自己身上，那是必然的。」

「那你會把注意力集中在哪兒呢？」他問。

「讓人們知道直銷的好處，並且覺得我們很不錯，然後他們也會去口耳相傳這些好消息，協助人們了解這個產業有多麼了不起，消除關於產業的不實言論。你知道的，例如排線排在前面占優勢，以及暴利等等。」我說。

「你會再耿耿於懷地在乎別人是否接納或拒絕你的產品，或不加入你的創業機會嗎？」

「不，我不會。」

「這麼一來，你是否可能以不同於以往的方式來打造你的事業呢？」

「是的，絕對可能！」這可有趣了，我真的體會人們所說的靈光乍現，因為我自己剛剛就看到這道光。

「我懂了！」我興奮地說：「當我把注意力從自己身上移走，轉而去關心一些更巨大的事物時，那麼我放在心上的大問題瞬間變小了，它們變得好簡單，我一點也不需要再為此操心。」

「得分！」他說：「三十六號成功秘密顯現……」他大笑：「有個比你自己大的標的，而且越大越好。如此一來，你根本沒有時間去為小事不安，而且你的標的愈大，其他的事就相形愈微不足道。」

他合起雙手，指尖碰觸著嘴唇，深吸一口氣然後呼出。

「不錯，我們已經導出這一點。」他坐回沙發，啜了一口茶，「你記得我們之前原本是要談什麼嗎？」

「噢，我想起來了，」他自己接著說：「你問到一本書《如何教導孩子……》，然後我想向你解釋，這本書為什麼也是直銷可用的好書。人能記得事情真好，是不是？」從言詞表現上可以明顯察覺到，他似乎相當自得其樂。

「早先，」他說：「我開始在傳統的事業之外，多方找尋一些可用的知識，因為我知道直銷相當特別。我試圖找到特殊的、新穎的材料，好拿來教導及訓練我的下線。然後我發現，孩子的運動可以教導我們如何建立直銷事業。」

「這裡，」他做了個要我把書交給他的手勢，那本書正擺在我面前的桌上。

「讓我讀一段給你聽。」

我把書交給他，他翻了好幾頁，開始大聲地朗讀。

「我們相信不同階層的年輕人運動，其主要目的依序在趣味、學習、個人發展及得勝。」

「我們必須私下告訴你，我們覺得身為教練的首要任務，就是確認你的新兵是否確實體會了趣味。第二個重要守則是，盡所能地教導他們；第三守則，確定他們能在自我及團隊成員的角色扮演上都有所發展；第四守則，只要可以達成就會想辦法贏得比賽。」

「我們不希望你過分重視成功及勝利，當然，要是教練不曾盡力去鼓勵孩子們用心練習以贏得比賽，則是欺騙他的球隊。然而，學習如何從球賽中獲得樂趣，尤其重要。」

他放下書，意味深長地看著我。

「這真是一段完美的描述，可用在直銷上線的角色扮演，」他說：「這又是一個例子，說明這個事業多麼與眾不同。」

「身為上線，你必須：第一，訓練你的夥伴做出趣味來；第二，教導他們成功必備的技巧；第三，協助他們發展及成長，先是個人的，然後是團隊成員；第四，贏……只要你能。」

「我向你保證，」他誠摯地說：「只要你做到第一、二、三點，你就可以經常贏……經常！」

看完這章請想想：

1. 你有沒有過那種說服了對方，但事後卻覺得氣氛變差、關係有點受損的經驗？你後來是怎麼看這件事的？

2. 當你很在意一件事的成敗時，你的注意力是放在「事情要做對」，還是「關係不要搞砸」？

3. 當你跟別人談論一件重要的事，你在意的是結果，還是也希望對方了解你的想法？你通常怎麼讓對方願意聽進去？

第六章

向孩子學習

他以為自己成功了，但沒人能跟著他成功，直到走進孩子們的球場才明白……

在我們開車前往訓練課程的路上，我問他，他剛開始從事直銷事業時是什麼樣的情況。

「我在做直銷的前幾年，是有一點小小的成就，在情況最好的時候。」

「剛開始時，我就像個人頭聚集特攻隊，我收集了一張二五〇人的名單，寄給他們一封長達四頁、文情並茂的信，是我親筆寫的，信中包括了產品的來源背景及成分含量說明，還影印一些我所蒐集有關健康及營養的文章，以及一份他們可以試用的產品。多麼有威力的一封信！」

「其中有二〇六人給了我肯定的反應，並且訂購一些產品，有五十人，願意接受我的推薦，成為直銷商。這結果還不壞，對不對？」他一邊說一邊轉向我，給了我一個開朗的微笑。

「是啊！結果真不錯！」我讚美。

「問題是……四、五個月之後，沒有任何一個人繼續從事直銷業。」

「真的嗎？」我非常疑惑：「到底發生了什麼事？」

「事情是這樣子的……」他娓娓道來：「那時候我正在做的事情，雖然成功了，但只是我個人成功，不是他們成功了。」

「我認為結果很好，但在直銷這個行業，『好』並不真的算數，真正能幫助事業發展的是要能複製，而當時的我對此一無所知。」

「我的背景是廣告和行銷，所以，讓大家看到我的產品價值，以及讓他們想試用產品，對我來說是最容易的，因為我做同樣的事已經很多年了。除此之外，我擁有懂得鑑賞品質及誠信的名聲，所以我的朋友及同事都非常信任我，他們認為，假如我覺得產品值得使用，他們也就肯定產品，進而願意試用。當然，我們的產品是真的好。」

「事實上，」他對這個話題顯得非常有心得，好像他早期成功的回憶一幕幕重現眼前，「我幾乎說服了每個人來試用產品，而且我也讓其中許多人興奮地加入這個行業。」

「但是，我缺少了一樣東西，」他說：「就是一個讓別人也能容易開展直銷事業的方法，我唯一知道的方式，是用我的方式來從事直銷工作，但這個方式是其他人辦不到的。」

「我是行銷專家，而他們卻不是；將近二十年，我對天然的營養保健食品都有接觸，但他們大部分沒有，所以，雖然我個人成功了，但是，我卻無法給我的下線一個單純容易的方法，來複製我的成功模式。他們唯一可能做到的，就只是像我。」

「那麼，你怎麼解決這個問題？」我問。

「我怎麼解決這個問題？」他自嘲：「沒有解決，我失敗了！」他再度爆笑，笑得直拍自己的膝蓋。

很明顯，他不是第一次講這個故事，對他而言，每講一次就回憶一次，所以故事越講越好。

而他因為笑得太用力，不得不將卡車停到路旁休息一下，用雙手將眼鏡推高，拭去眼中的淚水，然後不斷地搖頭繼續笑自己。

「嘿！這就是我，直銷是多麼好、多麼輝煌的行業，」他繼續笑：「其實是非常單純率直的。」他重新將卡車開上路，往目的地前進。

「那是我在直銷學到的第一個教訓，我一發現自己處理的方式有缺失，馬上立志要找到一個任何人、無論年紀、經驗、背景、能力或其他因素都可以成功的方法。最重要的是，每個人都能不費力地將這個方法傳授給其他人。」

「而我發現，要達成那個目的，孩子們是我最好的導師。」

啊！這就是為什麼今天我要去和一群小孩一起混了，我想。

我們開到一個紅磚建築的小學對面，小聯盟（Little League）棒球場後面的停車場停車。「來吧！」最偉大的直銷商說：「你的訓練師已經在等你了！」然後，我花了一個小時，看十五個七歲大的孩子（十三個男孩、兩個女孩）打梯球（Tee-ball），並下場和他們玩在一起。

我們小時候的小聯盟，是沒有女孩子的。在望遠鏡台的頂端，就像一個很高的高爾夫球座，連到本壘板，每個小孩都可以擊那顆球。

孩子們玩得非常愉快，我也是。而他們在練習前做的第一件事，讓我大開眼界。

所有的孩子都坐在本壘板後方，擋球欄杆前面的長板凳上，最偉大的直銷商精神抖擻地叫每個人出場練習。

「現在介紹的是當家游擊手茱莉．道格（Julie Dugan）！」他大聲公佈名字，然後，茱莉站起來，跑到本壘板脫下帽子，高舉著向大家揮手，其他的孩子們則熱烈鼓掌、吹口哨、大聲歡呼，並大喊她的名字。然後是第二位球員、第三位、第四位……

他們互相歡呼打氣，再開始日常的練球。簡直不可思議！整個練習過程，最偉大的直銷商口中不停讚美，持續地告訴每一個孩子，他們表現得非常優秀。

事實上，他會先問每個人：「你覺得你表現如何？」然後再表揚，提醒他今天的練習情形，最後再讚美他今天的表現有多好！

我也注意到，他所有的讚美都著重在進步，跟上星期或甚至跟去年比起來，他們進步了多少。

當他們出狀況時（這種時候非常多），他會停下手邊的事情，問他們：「發生什麼事情了？」通常出錯的那個孩子會說：「我做了這事，或我做了那個。」最偉大的直銷商，也就是教練先生會問：「那下次你能怎麼做？」

有時候，孩子根本不知道他們做錯了什麼，這時候他會問，有沒有其他人知道發生了什麼事，當有人提供了答案，他會再問當事人這個答案是不是正確，下次發生同樣的情形，會用什麼不同的方法來解決問題。

最初，這整個過程對我而言有些不解，每件事都要問孩子們，似乎有點造作，為什麼不直接告訴他們怎麼做？那會節省很多時間。除此之外，我認為他已經知道原因，為什麼還要問孩子們。

因此，我把他拉到旁邊說明了我的想法。

「當你問我一個問題，而我直接把答案告訴你的時候，你學到什麼東西？」他問。

我想了一下，回答他：「我學到一個答案。」

「完全正確！」他說：「那麼，這個答案對你有什麼用處？」

「嗯，有答案之後，我就知道該怎麼做了！」我說。

「那又有什麼用？」他問。

「只要我知道該怎麼做，我就可以動手去做了！」我回答。

「是的，」他說：「你就可以動手去做了，但是，你真的可以做到嗎？」

「沒辦法，至少不是每次都可以；事實上，也不是經常可以做到。」我必須承認，知道答案和實際動手去做，相差十萬八千里。

「這裡有兩件重要的事，」他告訴我：「第一，你自己找到答案，和別人直接把答案告訴你，是兩碼事。前者的意義比較深遠，而且不論是別人告訴你的或是你自己找到的答案，沒有所謂的對或錯，只是，你自己找到的答案，是屬於你自己的。因此，當你再遇到類似的情況時，比較容易記起自己找到的答案。」

「此外，」他繼續說：「自己發現答案時，你得到的不只是你找到的答案，發掘答案的過程，也是一種自我訓練。所以，自己找尋答案的好處是雙重的。」

「知道答案、得到答案，與真正照答案去做，實際上是相差很遠的，你同意嗎？」

「是的，我同意。」我說。

「但是真正的秘訣在於答案本身（being the answer），你明白我的意思嗎？」

「不是很懂。」我說。

「好吧，讓我解釋給你聽。譬如說，現在有一個小孩，生平第一次要來學習如何打球，於是我就告訴他如何握球棒，手應該擺在那裡，要如何站，指導他正確的揮棒姿勢及方法，我給他所有的答案，讓他知道怎麼打球，然後，他就真的懂得打球了嗎？」

「嗯嗯，」我說：「知道（knowing）並不代表他能夠（can）做到。所以，光知道答案是不夠的。」

「很好！」他稱讚我：「是的，他是知道（knows）怎麼做了，因為他已經有了答案，而且有答案也真的是一件好事，但是，他還是不能說他會打球。」

「現在，我們進行另一個步驟，他也許可以練習一次或兩次，但是，他還不能稱為打擊者，要被稱為打擊者就是要成為（being）一個打擊者。」

他一定感覺到我很努力地在理解他的遣詞用字，他的話聽起來有點像所有的動詞都扭曲在一起，讓我有點迷惑。「你要如何了解你所知道的事情真相呢？」有點諷刺地，我想起來那本被廣為傳閱的書《你不知道自己不知道什麼》。

他打斷我的思緒，解釋說：「你有沒有聽過任何人談目標設定，使用『有

（have）、做（do）、是（成為）（being）……』這些字眼，例如要擁『有』你想擁有的東西、『做』你想做的事情、『成為』你想成為的那種人？」我點點頭。

「我發現，最有效的方法是，先專注在『成為』（being）上面。一旦你成功地達成這個目標，行動（doing）及擁有（having）也會隨之而生。假如你的順序顛倒，可能終其一生也無法達成你的目標。將『成為』（being）放在第一位比較容易，因為它是由你自己的心開始，任何人都可以在他／她想要的任何時間，成為他／她想要成為的狀態。」

我承認，他的解釋並沒有完全解除我的疑惑，而且我知道他知道我的疑惑。

「我明白一件事，」我鼓起勇氣說：「我們正在進行（doing）討論這個主題，但是，同時，我也在妨礙你成為（being）小聯盟的教練。」

「你已經掌握這整件事的精髓了。」我的回答似乎讓他滿意，而我為了瞭解我自己所說的話，也盡了很大的力氣，「我想再跟你多談一些有關成為（being）與成就（accomplishing），但是，讓我們在練習結束之後再繼續，好嗎？」

於是，我們再度回到球場，加入我們的「訓練師」。

看完這章請想想：

1. 你有沒有過這種感覺：知道一件事的做法，但就是做不出來？那時候卡住的點是什麼？
2. 當你教別人的時候，你比較常是「給答案」，還是「一起找方法」？這兩種方式，你覺得帶給對方的差別是什麼？
3. 你現在最想成為什麼樣的人？為了靠近這個方向，你做了哪些事？

第七章

問正確的問題

孩子們的梯球練習，意外揭示了領導與成長的關鍵秘密……

在和那群孩子說再見之後，幾乎每個孩子都向我道謝，謝謝我的加入，並問我下個星期是否也會來幫忙。我必須承認，這讓我感覺很好，讓我肯定自己的能力。坐上他的卡車後，我迫切地追問「成為」與「成就」的不同。

他舉起手，打斷我的話，「別進展得太快，我們等一下再談那個。現在，你先告訴我，你覺得好玩嗎？」

「非常好玩！」我大喊。

「非常好！」他說：「那你有沒有學到新的東西？」

「當然有！」我回答。

「是哪些東西？」他問。

「你在練習開場時所做的事非常棒，你讓所有小朋友都聚集到投手板，並且像正式比賽的司儀，大聲喊出每個人的名字，其他人都齊聲歡呼、叫好、鼓掌，我愛死這個開場方式！」

「我們在每季開始的第一次練習，都會做這件事，」他告訴我：「這給孩子們一個非常有動力的開始，讓每個人都有一個成功的開始，感覺自己是特別的，一下子，每個人都成了明星球員。」

他繼續問：「你有沒有注意到，孩子們的父母，活動開始時也都在現場參與？」

直到他問這個問題，我才注意到，對啊！所有的爸爸媽媽們，都站在本壘板後面，他們也加入歡呼及鼓掌的行列。

「還有其他的嗎？」他問我。

「一大籮筐！」我說：「遇到問題時，你問孩子們該怎麼解決問題，而不是直接給他們答案、告訴他們怎麼做，這讓我學到非常多。記得在學校時，我最喜歡的老師就是如此，他們讓我自己去發現問題並提出解決的辦法，就像你對待那群孩子一樣。」

「其他的呢？」他問。

「其他的？喔！你的意思是其他的老師嗎？其他的老師只會告訴我要做這個、做那個，或者只是叫我們跟著唸跟著背，那些課都讓我覺得很無聊。」

「嗯……教你進階數學和電腦課的是哪一種老師？」他有些疑惑地問我，我猜他一定是想到我告訴他，有關我以前以拓荒者的心情對電腦狂熱的故事，我知道，他一定早猜到我的答案會是什麼。

「第一種，我喜歡的那種，道荷提先生，我十一年級的數學老師；到現在，我都還記得他的面貌、他的聲音，清晰的彷彿只是昨天發生的事。」

他的唯一評語是「很好」，然後說：「繼續說下去。」

「讓我想一想……有了，你稱讚那些孩子的方法——你先讓他們認同自己，我覺得，這給孩子們一個為自己負責的責任感。有問題時，要先靠自己去解決，真是高招！」

我想了一下，找到一個很好的例子，事實上，有很多這樣的例子。

「那個守二壘的小男孩叫什麼名字？那個當他疑惑不知該叫暫停或將球傳到一壘時大哭的男孩。」

「強尼。」

「對了，強尼，你跟他講話的方式與態度，讓我非常佩服。」

「謝謝你。」他為我的讚美感到高興：「從這件事你學到什麼？」

「我注意到，在你直接處理這個問題之前，你已經成功轉移他的注意力；你做的第一件事就是跪在他旁邊，如此你就和他一般高，然後你問他：發生了什麼事，他告訴你，有一些孩子對著他大叫『丟向一壘』，但是有些孩子卻要他『叫暫停』，所以他不知道該怎麼辦才好。你問：你覺得怎麼做才是最好的？他回說『叫暫停』，然後你告訴他：那好，我們大家重來一次，看看你做的選擇是不是會成功。於是，他叫了暫停，而且成功了！」

「那麼，你從中學到什麼？」

「我已經告訴你了！」我回答。

「沒有，」他溫和地糾正我，「你只是描述我做了什麼，而我的問題是：你從中學到了什麼，你認為這整件事給你什麼啟發？」

「喔！我發現不需要局限在舊有的思維習慣，應該專注在發生了什麼，並且馬上用行動來解決，才是比較好的方式。」

我看著他，想知道他的反應，他看著前面的路，說：「很好！」繼續問：「那你告訴我，你的結論是什麼？」

「結論？你指的是什麼意思？」

「結論！」他重覆這兩個字，「你今天在球場上成就了什麼結果？」

「嗯……」我想了一下，「我讓賈斯汀知道……他的名字叫什麼？」

他點點頭，告訴我就是賈斯汀。

「我讓賈斯汀知道要把手放在哪裡，才可以接住飛過來的球，不會從手套中滑出去：當飛向他的球在腰部以上時，手指必須彎起來；球如果低於腰部以下，手指則必須放平。這樣，他就不會接不到球，或被球打中臉。」

「非常棒！」他笑著說：「所以，你享受到樂趣，你學到一些新的事情，而且你也有了結論，對不對？」

「是的！」我回答。

「恭喜你！你贏了！」

我贏了什麼？我有點意會不過來，不過我馬上想起來，那本訓練孩子的書中所提到的重點：樂趣、學習、成長及發展——當機會來臨時，你就是贏家！

「這就是成就的三個要素，」他說：「你有了結論，你學習、發展，並且成長，然後，你享受到樂趣。三要素缺一不可，假使你缺少其中任何一項，你就不是真正擁有成就。」

「我明白了，」我興奮地大叫：「真的是這樣，我以前有過從所做的事情中得到結論，學到一些新的方法，但是我並不覺得有趣；也做過有趣、但是沒有學習或有結論的事情。真正的成就要包括這三個要素，缺一不可。」

「是的，三者缺一不可。」他繼續說：「而且，那就是為什麼你不要只專注在結果，無論是對你自己，或者對你的下線。」啊哈！我想，這就是直銷事業了！我想起電影《小子難纏》的情節，在練習的過程中，空手道老師要學生整天幫車子打臘：「打臘，把臘擦掉，打臘，把臘擦掉……」持續地做著相同的動作。

「假如你動手做，」最偉大的直銷商又開口了：「你也許會得到結果，但也可能你並沒有真正成就什麼。所以，這三個成就要素在直銷事業中是非常重要的，因為沒有結果，就沒有獎勵支票；沒有學習與成長，你馬上就被遠遠地拋在後面；沒有樂趣，你就會放棄或疲乏，或疲乏然後放棄。」

「我明白這個道理。」我告訴他我的想法。

「那是因為對你而言，這些只是訊息而已，」他坦言：「一旦你開始讓自己成為那樣，開始有了成就，你就會做那些已經成功的人所做的事情，你也會擁有他們所擁有的東西。」

「那我要如何才能達成那項成就？」我急切地問。

「那是個每月收入六萬四千美元的問題。」他強調。

「你知道答案是什麼嗎？」我試探性地問。

「我當然知道。」他肯定地回答我。

「你會告訴我嗎？」我帶著請求的眼神。

「會的。」他回答。

接下來是一片沈默。

「什麼時候？」我追問，他慢慢把卡車停下來，轉向我，對我扮了一個鬼臉——眉毛高高地往上揚，眼睛瞪得大大的，用那種非常可愛的卡通音調說：「先生，我現在能告訴你嗎？我可以嗎？我能嗎？」

我們兩個人忍不住大笑，笑了大概有兩分鐘之久。他真是個不可思議的人！

看完這章請想想：

1.做完一件事之後，你通常會想些什麼？有沒有哪一次，讓你特別記得「我真的從中學到一些東西」？那是怎樣的一件事？

2.最近你做的事情裡，有哪一件是讓你同時感覺「好玩、學到東西、而且真的有收穫」的？那個經驗對你來說為什麼特別？

3.你上一次遇到困難，是發生什麼事？那次的經驗有沒有給你什麼樣的提醒？

第八章

習慣做自己

享受悠閒的日本澡同時，換來一個直擊靈魂的提問……

我們接下來要談論的就是「成為」（being）。但是在談論這個主題之前，我必須耐心地等待。這是多麼漫長的等待！我知道自己不斷地說「不可思議」，因為我已經被這個人的言行舉止，驚嚇到分不清東西南北了！我看到的、做的、說的及聽到的事，都是以前未曾經歷過的，而且是連做夢都不曾夢見過的事情。但是，現在這些竟然都發生了，而且是發生在我身上。

這整件事，所有發生的事，都是那麼不可思議！

當我們回到最偉大直銷商的家，停好車正準備下車時，他轉向我問：「想不想梳洗一下？」

「當然想。」我回答。

他問：「你有沒有洗過日本澡？」

「沒有，」我誠實告訴他：「至少我不記得我洗過。」

「對啊！否則你一定會記得的。」他同意我的說法：「來！我請你去享受一次日本澡！」

「我個人認為，」當我們走進屋子時，他表示：「日本能在商業上不斷搶走我們的市場，只有一個簡單的原因，那就是他們懂得如何洗澡，我們卻不懂，如此而已。我現在正推行一人改革運動，就是在美國建立這種洗澡方式，這樣美國才能取回世界領導者的地位。」

他轉過身看著我，露出一個誠摯的笑容：「我不是在開玩笑！」

這裡的裝潢，與一樓辦公室書房的裝潢一樣，富麗堂皇，是真正高級的室內設計，光線好、通風，再加上植物盆栽及鮮花的點綴，這些房間給我一種特別的感覺——這裡一定一年四季都是夏天。

房內的家具格外別致，都算得上是骨董；當我們穿過這個寬廣的玄關到客廳時，我不經意一瞥，竟當場目瞪口呆，當時我有如被釘在地上，寸步難移。

他走在我前面引路，但當他注意到我站在原地不動，就轉過身問我：「發生了什麼事？」

「那……那個，」我口齒不清：「那是不是和我所想的一樣？」

「什麼是不是和你所想的一樣？」他走到我身邊問。

在這位先生家的壁爐上面，掛著一幅寬六呎、高四呎以上，鑲著非常別致且裝飾華麗的畫框，畫框內是莫內的畫。非常明顯，那是幅真跡，不是複製品！我的心在激烈跳動著，我的雙腳也不聽使喚地顫抖。

「那是莫內的畫！」我大叫：「荷花……是荷……喔！他們叫什麼名字？」

「睡蓮。」他回答。然後，我聽到他的爆笑聲，越來越大聲，至少是到目前為止，我看過笑得最厲害的一次，他將手搭在我的肩上，用力抱了一下，一直不停地笑。

「我真的喜歡你！」他笑得上氣不接下氣，但仍然要表達他的意見，好不容易才止住笑聲。

「啊哈！」他仍然喘著氣，試圖讓自己回復正常，「不是的，這不是莫內啦！」

我搖搖頭，先是不敢相信，再看看一臉誠摯的最偉大直銷商，我猜他就是這幅畫的作者，但取而代之的是一種不可思議的感覺。

我們繼續走過這棟房子，這是棟非常大的房子。他告訴我，他上過藝術學院，而且拿的是文學藝術學士學位。雖然以前他從未為了利益或某些目的而作畫，但是，畫畫一直是最大的夢想。畫這幅畫，是他多年以來的目標，二十年了，他告訴我。

莫內是他最喜愛的藝術家，當他在直銷事業成功之後（因為夠成功，讓他有時間做一些一直想做卻還沒做的事），他買了一大堆有關莫內畫作的書籍及海報，花時間去閱讀、研究，然後決定選擇與莫內接近的畫風，來完成自己的畫作。

他的成功令人羨慕，他的畫看起來可媲美博物館的珍藏品，我將我的感覺告訴他。

「謝謝！」他由衷道謝：「我想，我離開人世時，除了我的孩子，這幅畫將會是個人最大的貢獻。」

我們在談話中，走到了浴室。

洗澡的房間（那個空間一點都不像我們平常用的浴室），非常引人注目，就如同我預想的一樣。

這個房間的牆壁與天花板都上了亮漆，非常大片、暗紅色的杉木片，除了木頭的部分，就是玻璃，天花板有兩個很大的天窗，以及一個與房間同寬的玻璃窗。這房間的另一個特色是，到處都爬滿了巨大且翠綠的羊齒類與藤類植物。

房間的入口是個小小的休息室，有掛鉤和長板凳可以掛放衣服，他告訴我，日本傳統的洗澡方式是：無論男女，每個人都袒裎相見。但是，假如我介意的話，我可以穿上泳褲，他也會穿泳褲。

我告訴他，我一點也不在意，就依照傳統的規矩來洗。

這個浴室前面一半的地板是比較密的杉木板，地板下面設有排水裝置。浴室內有兩個浴池，一個高出地面約三呎，而且蒸氣直冒；另一個是方形的大理石池，表面與地面同高，大約三呎深，也許更深。

另一部分是石頭花園，就像我在照片中看過的那些日本寧靜的禪寺，沙都排成直線或漩渦狀，整齊得讓你幾乎不敢踏上去。

他用手勢示意我坐下，坐在小凳子上，面對較高浴池的牆。

牆上有兩組冷、熱水水龍頭，中間的一組是普通水龍頭，較高的一組是沖澡用蓮蓬頭；在小凳子旁邊有木桶，大約可以裝一加侖的水，桶子內有一個手工製粗糙的木杓子。

他用木桶從牆上的水龍頭接溫水，從頭往下沖兩、三次，然後叫我跟著做；接著，他拿起一個天然的洗澡海棉，從一個白色的大瓶子中擠出一些透明的沐浴乳，然後將瓶子傳給我，他開始用海棉，全身上下擦洗。

「有趣的是，西方人會先跳進浴缸裡，」他解釋道：「然後才抹肥皂，但是日本人卻教我一個完全不同的程序，他們有特別的理由：這樣比較節省用水，因為你不用一直往浴缸加注清水，而且就我對日本人的了解，這也是對別人的一種尊敬，畢竟只有がいじん，不懂得尊重別人的人，才會滿身污穢就跳進浴池。」

「がいじん？」我聽不太懂。

「がいじん是日文，意思是外國人，」他解釋：「但是，我認為它真正的意思應該是野蠻人。日本人真的認為他們是全世界最優雅的民族，所有的外國人都是野蠻人，」他笑著說：「尤其是美國人。」

「他們有很好的理由，」他補充：「我們洗澡的次數不夠頻繁。」

當我從頭到腳都抹上肥皂之後，他再次用木桶裝滿水，將身上的泡沫沖乾淨，至少沖了十二次，我也照著做。

然後，他站起來對我說：「洗日本澡的水非常熱，恐怕比你慣用的熱水都要熱。」

「我喜歡洗熱水澡！」我馬上反駁。

「相信我，」他堅持：「這個水非常熱，我建議你先用蓮蓬頭沖澡，從你可以忍受的溫度開始，再逐漸將溫度往上升，然後就可以坐進這個浴池。」

我告訴他，我想要嘗試直接就泡在浴池中。他搖搖頭笑說：「請便！」然後往旁邊一站，做了一個請的手勢，於是我站起來，爬上浴池，把腳伸進池中。

我的腳一碰到水，馬上就縮回來。他只是看著我，沒有任何表情。

「我想……我還是……接受你的建議。」我承認他說的完全正確，不好意思地等著他說：「我早就告訴過你了！」

但是他沒有取笑我，只說了「好」，然後他自己是以萬分虔誠的心情，坐進浴池，水一路漫到他的脖子。

我越來越可以忍受水的熱度，一直到接近沸騰的溫度，我決定加入他，坐進浴池。天啊！真是燙，但是前面的沖澡幫助很大，我可以很快地適應水的熱度。至少，現在我可以忍受走進浴池，並且坐在裡面。

「不要動！」他警告我：「洗日本澡最大的訣竅是，在你完全適應水溫之前，應該靜坐不動，像座石像。」

慢慢地，我可以適應超熱的水溫。剛開始，我必須閉上眼睛和熱度戰鬥，現在，我幾乎是沈浸其中並樂在其中。

當我張開眼睛，我發現我的朋友將頭靠在浴池的邊緣，用一條熱毛巾蓋住他的臉。

我四處張望，整個房間都彌漫著從浴池中上升的薄薄蒸氣，我猜想，那個時候他也許根本不想講話，但我還是鼓起勇氣，小聲地問他願不願意跟我解釋有關成為（being）與成就（accomplishing）。

他緩慢地將毛巾從臉上移開，帶著滿足的笑容說：「可以啊！」深深地吸了一口氣，然後，一如往常，用問題開始我們的談話。

「你是誰？」

我心裡嘀咕著，又是一個看似簡單卻不好回答的問題。我沈默了很長一段時間，因為我知道回答名字絕不是他要的答案，否則他會用另一種方式問我。所以，我想了一下，對這個問題再多考慮一下。

過了一段時間，我才開口：「我就是我所曾有過的經歷之累積總合……我對我自己和我所有經歷的看法……別人曾告訴我有關我自己及他們各人的……」

他的眼睛突然睜開，看著我，這次換他感到驚訝。

「太不可思議了！」我不太確定他是在對自己或對我說話，「我原先並沒有預期這個答案，你答得太棒了！」

我必須承認，無論是那個日本澡的麻醉作用，或只是聽到他口中的讚美油然而生的喜悅，我在那一刻，真的覺得自己很棒。

「謝謝你！」我忘了我和他說話的模式：在道謝之前，必先說的感歎詞——天啊！

「非常好！」我可以感覺到他稱讚我的真誠，「你知道那些你的想法及別人對你的看法，全部加起來是什麼？」

「我的能力？」我將問題與答案結合在一起。

「非常接近了！」他說：「那是你對自己能力知覺的來源……創造你在任何情形該如何表現，加起來就是自信習慣，也就是所謂的自信系統。」

「我不用『自信系統』，是因為我不認為人們真的了解這個詞，大部分的人認為系統是非常複雜的，他們並沒有能力去改變系統。除此之外，我主張我們的自信就是我們持有的習慣想法，因為他們單純是習慣。我們知道習慣如何養成，因此，我們也知道如何去改變習慣。」

「習慣，」他繼續說：「就是我們在不自覺中想或做的事情，自己可能也完全不知道，只要對『想』或『做』任何事情有知覺時，它就不再是個習慣，而變成是選擇了。」

「所以，你知道，我們能夠用有知覺的選擇，來改變我們的習慣嗎？」他問。

「我懂了。」我回答，因為我非常清楚知道這件事情。

「所以，」他繼續說：「我們對自己有自信習慣，而他們變得如此重要的原因是，他們控制著生活中我們擁有什麼、做什麼、或是什麼。」

我們又回到「擁有、做、是」，我的表情一定是顯得一頭霧水。

「我舉一個例子。」他說：「我以前很胖，高中畢業時，體重二五〇磅。」

「真的嗎？」我不敢置信：「但是，你現在一點也不胖，而且我打賭，在洗完這個澡之後，你一定更瘦了。」

「正確，」他點點頭，微笑看我：「但是，認真地說，雖然我多年以來都保持一七五磅的體重，有很長一段時間，我仍然以為自己是個胖子。」

「你看，大約有三十年，我的經驗讓我認為自己是個胖子，而且，其他人也接受那樣的想法，我也不例外。只要有機會，無論我是否有知覺，我都會單純地加上這樣的信念，甚至再多相信一點，我的心智已經接受無數次『我是胖子』的訊息。」

「在學校，只要有胖子的笑話，我首當其衝，而且很多有關胖子的笑話都是非常殘酷的。當我第一次減掉一些重量，我買了一條對當時的我而言，有點緊的伸縮褲，現在我回想，當時會那樣做，是因為我以為最後一定會變瘦，一定可以穿上更小號的衣褲。直到有一天，我才明白，買過小的長褲和用皮帶勒緊肚皮使下腹凸出的做法，只是為了走出『我是胖子』這個信念。」

「後來，在我減掉七十五磅之後，當我提到自己曾經是胖子時，大家都非常驚訝。他們會告訴我，我現在看起來多麼好，有多瘦。雖然要接受這樣的訊息，得花幾年的時間，但是最後，我開始移轉『我是胖子』的信念習慣，終於真的相信我是瘦的。」

「全部過程花了超過十五年的時間。」

他閉上眼睛，很明顯地打了一個顫：「真是太浪費時間了！」他沈默了一會兒，然後深深地吸了一口氣，在慢慢吐氣的當下，睜開眼睛。

「佛教徒教我們生活就是一個苦難，」他的聲音充滿著澎湃的情緒，「在某方面，我同意這個說法，然而，他們卻沒有提到，生活不一定要如此。生活可以是苦難，也可以是其他東西。假若我們有心，我們也可以改變它，只需要改變我們的心。而且我們無時無刻不在改變主意，重要的是如何學習與執行。」

「我相信當耶穌說：把你另一邊臉頰也給敵人，是在傳遞同樣的信念。他要告訴我們：不要拒絕惡魔，只須改變你的心意。」

「自信習慣和其他習慣的養成方法是一樣的，單純地重複做同一件事，直到你不再去想它為止。也就是說，你可以用瞬間的方式創造新的習慣，就像我用『我是瘦的』自信習慣，取代『我是胖子』那個習慣性思考，只要改變心意就可以。」

「把它想成心中的天平，有一邊因為所有的談話與經歷而下降，那就形成我們顯著的自信習慣。但是，我們可以改變那個習慣，只要在創造新習慣時，在另一邊多加些重量。現在你明白我在說什麼嗎？」他問，雙手擺在胸前，手掌朝上，就像那天平的兩端，上下移動。

我告訴他：「完全瞭解。」

「好，」他說：「假如你到目前都接受我所說的，並且假設那是真的，你的第一個問題會是什麼？」

「要如何才能改變習慣？」

「用一個新的來代替。」

「怎麼做？」

「你怎麼養成原來的習慣？」他問，然後自己回答：「你養成習慣，因為你有一個自己相信的信念，然後會有下一個、再下一個……很快地，你根本不必再增加任何信念，因為你的自信習慣已經養成，你只要保持它、維持它、加強它，每次你加入新的訊息，如某個經歷、你講的話、別人對你說的話，都能夠與現存的自信習慣疊加上去。」

「所以，」我說：「你開始取代現有的自信習慣，你怎麼稱呼它，有優勢的？顯著的？」

「顯著的！」他提供答案。

「所以，你開始藉由向天平的另一邊增加新的信念，來取代原有的自信習慣，對不對？」

「對的，」他同意，「但是，是哪一種信念呢？」

「你想要擁有的、新的自信信念。」

「完全正確。」他大聲說，並且從浴池中跳出來。

他轉向我，像有人正誇張地學交響樂團指揮手舞足蹈的動作，在說話時同時指著我，將想像中的節奏和話語結合：

「所……以」（指……指）

「我……說……你」（指……指……指）

「有……習……慣」（指……指……指）

「熱……度」（指……指）

「算了吧！」他笑說：「我現在就改變它。」在他說完「它」之前，早就跳進另一個浴池中，將整個人埋在水裡，停住不動。

大約十秒之後，他由水中跳出來，大叫：「嗚，嗚，哇！」

「快跳進來吧！」他要我一起跳，於是，我跟著跳進另一個浴池。池水是冰凍的，整個浴池都是冰，不，更冷，在零度以下。

「哇！」我大叫，同時跳出來。

當我用手將眼睛的水撥開，他丟給我一條毛巾。

「感覺很不錯吧！」我想他是在問我，但是我不大確定，我只記得我到處亂跳，口中亂叫著：「喔！……喔！……喔！」

「哇嗚！」在童軍露營之後就沒有如此叫過了！

「哇嗚！」我又叫了一次。

「你覺得如何？」他剛用毛巾擦乾，並將毛巾在腰上圍一圈。

「很棒！」我回說：「我覺得精神振奮，你常常這樣洗澡嗎？」

「每天，我想不出有比這個對身體或心情更好的方式，事實上，我已經九十七歲了，我看起來怎麼樣？」他又爆笑。

「你看起來非常年輕，老先生！」我嘲笑他。

「嘿！」他似乎記起某件特別的事，「你想不想見見我的家人？」

「當然！」我非常有興趣的，「我一直在猜，他們到底在哪裡？」

「我也在猜！」他又笑：「從你來之前，昨天下午之後，我就沒見過他們了，我們一起去找找！」

看完這章請想想：

1. 你有沒有對自己某個「一直以來都這樣」的認知？那真的是你嗎？還是只是你習慣這樣看自己？

2. 想一想，你現在有哪些想法或行為，其實早就變成「不知不覺的習慣」？有沒有哪一個習慣是你想試著改變的？

3. 如果可以為自己建立一個新的習慣信念，讓你更靠近理想中的樣子，那會是什麼？你願意怎麼開始？

第九章

最偉大的管家

那棟原本只可遠望的夢中房子，最終真的成了管家的家……

我們洗完日本澡，走進那個小小的更衣室，我發現，我們今天穿來的衣服不見了。取而代之的是兩堆摺疊整齊的衣服，其中一堆是我星期五穿的，而現在潔白如新。

我穿上我的「新」衣服，我的朋友只穿一件褪了色的純棉工作衫，然後展開一塊像大圍巾或披肩的布。

非常怪異，我心裡想。我指著他手上那塊顏色鮮艷的布問：「那是什麼？」

「是沙龍。」他說：「泰國人喜歡穿，熱帶島嶼如印尼爪哇和峇里島的人，也都喜歡穿沙龍。」

「看起來非常漂亮！」我由衷讚美。

「謝謝！」他說：「這是世界上最舒服的衣服，你想不想試穿看看？」

「啊？當然要！」我回應得有一點兒猶豫，「要如何穿呢？」他走到一面有很多抽屜的牆，拉開其中一個抽屜，取出一塊鮮藍色、有白色及暗藍色滾邊的布。

「你是個屬於藍色（憂鬱）的人，對不對？」他問。

「我是嗎？」我反問。

「你的衣服……」他指著在長凳上那一堆我的衣服，「都是藍色的。」

他沒說錯，我是個「藍色」的人。

他示範兩種穿沙龍的方法給我看，我選了一個我比較喜歡的方式，和他穿的方法不一樣。他只是用那塊布，將自己圍住，在前面打一個結；而我穿的方式似乎比較保守、比較正式。

順著他仔細的指導，我用那塊布圍在身上，將兩端拉到旁邊，將布的兩邊緊緊綁住，然後前後折幾摺，塞進這整塊布中，最後，將腰的部分全部往下折。

根據這樣的描述，我不相信有任何人會瞭解這個穿法，就像打領帶，你必須親自動手，才知道怎麼做。

在我們往回走，穿過房子時，我問：「我們的衣服怎麼會在那裡？我並沒有聽見任何人進來的聲音。」

「可能是瑞秋，我的太太；但也有可能是瑞貝嘉，我的女兒；或者是和子，她是照料我們日常生活的女士。」

「和子？」我複述這個名字：「這是日文，不是嗎？」

「答對了！」他笑著說：「你一定已經注意到我對日本東西的喜愛！」

「和子女士是非常有趣的人，但是，她也同時是位非常難纏的女性。」我分辨不出來他是不是認真的，他一定是注意到我的想法，因為他馬上補充說：「這是真的，等一下你就會知道！」

我先坐一下，然後走到一個像法國鄉村衣櫃的巨大物品旁邊，將門打開，我看不到是什麼，但我猜，那是擺放音響設備的地方，因為我聽到音樂隨即充滿了整個房間。

不可思議，我心裡想。「鄉村樂？」我問。

「一個非常有品味和才能的人，」他回答：「臨時測驗，唱歌的是誰？」他問。

「嗯……嗯……艾默盧・哈瑞斯（Emmylou Harris）嗎？」我反問，其實我只是猜的，因為他是我唯一記得唱鄉村歌曲的歌手。

「猜得好！」他從那個木製衣櫥的門邊望過來，「不過，答案是奧斯林（K.T. Oslin）！」

不能怪我，我又不是鄉村樂迷。再說，我並不常聽鄉村音樂，我想鄉村音樂是屬於那些與我不相同的人，我知道這聽起來有點蠢，但我是這麼想的，至少在當時是那樣想的。坦白說，那個奧斯林唱得真不錯！

我告訴自己，這個周末的際遇真是奇妙：藏在法國骨董櫃裡的音響設備、牆上仿莫內的畫、剛洗完一個日本澡、現在穿著泰國沙龍，坐在這裡，聽著鄉村音樂……談論著「在陌生國度裡的陌生人」，我真是愛死它了！

「啊！がいじん今天沒有搖滾嗎？我好喜歡聽喔！」我聽到一個陌生的聲音從房間的另一邊傳來。

我轉身，看到一個嬌小的日本婦女，她又長又直的黑髮全部往後梳成一個馬尾，全身穿的是明亮色調的運動套裝。她向我鞠躬，雙手放在大腿上，向前彎，臉上帶著微笑，我對她的年紀一點都沒有概念，三十、三十五？也許多一些，也許更年輕，在她可愛的臉上，沒有一絲皺紋。

「喔，喔！」在關上衣櫥門的同時，我的朋友發出驚叫聲，然後他轉身面向這位女士，她飛快地下樓，大步地走向我，幾乎是用跳的，而我從未想過像這麼端莊的東方女性，會有如此的舉動。她向我伸出手說：「你好，我叫和子，很高興見到你。」更令我驚訝的是，她講的英文沒有任何奇怪的口音。

我跟她打聲招呼，回說我也很高興見到她。接下來的時間，我發現自己正在找話說：「啊！妳就是幫我整理衣服的人？」我問她。

「就像日本忍者，對不對？神出鬼沒，點燃爐火，送衣服。」她一邊說一邊笑，還一邊向我眨眼睛，我馬上就喜歡她了！

「がいじん，」她轉過身，問我的朋友：「要不要我幫你們拿點什麼？需要飲料嗎？」

「你要什麼嗎？」他問我。

「你要什麼？」我反問。

「我想要一杯冰紅茶。」他說：「可以嗎？我們還有汽水、果汁，和各種不同的飲料，你想喝什麼？」

我說：「我也要杯冰紅茶。」我馬上聽到和子拍了兩下手掌，好像她是在外面的餐廳，然後大聲說：「巴比先生，請送三杯紅茶到客廳，可以嗎？」

我聽到從房子深處傳來一個聲音：「好的，馬上來！」

「我就知道妳非常願意加入我們的聚會。」我的朋友邊說邊向和子微微欠身。

「我留下來只是為了幫你們倒飲料，另外，我要確定你沒有灌輸太多可笑的資訊到這個年輕人的腦子裡。」她也回他一鞠躬。

「我已經告訴過你，她是很難纏的。」他笑著對我說。

我們三個人聊了一下，我發現，她一直稱他為「がいじん」，我問她為什麼，她笑著告訴我，這是他們之間的一個笑話，他是她在日本碰到的一些美國人中，少數懂得欣賞日本習俗，並且覺得很自在的一個。但是，她補充，那也是她讓他守規矩的方法。

她真是個非常可愛的女人！

紅茶很快送到了，是房子主人的兒子，巴比送來的。他是一個長得非常英俊的小男生，我猜他大約十歲，在我們互相介紹自己之後，他的父親問他要不要留下來，這位小男孩禮貌地說：「不用了，謝謝！」他解釋，有一個工作計劃正進行到一半，等會兒再和我們大家聊，說完便離開客廳，然後又轉身問我，是否會留下來晚餐。

他的父親問我：「你願意留下來吃晚餐嗎？」我肯定地回答：「當然願意！」巴比說：「太好了，那我們待會兒見！」

然後他的父親問：「你的工作是什麼？兒子。」

巴比走回客廳一步說：「我正在做一個可以飼養動物的場所。」

「學校作業？」他的父親非常訝異地問，從沙發往後躺，倒掛在沙發上，上下顛倒地看著他的兒子。

「不是，」巴比說：「固定幫媽咪做的。」

「需不需要幫忙？」他的父親問。

「當然好！」巴比回答，我可以看得出來他對這個提議感到高興。「但是，我以為你正在談公事？」

「不是，」房子主人回答道說：「是生活。但是，我不記得我有問過你，你對我們正在談的有什麼看法！」

「爸……爸！」男孩模仿他父親的嘲諷。

「所以，只有你跟我一對一的挑戰，對不對？」他的父親馬上反擊。

「是的，就是你，此時此刻，全世界最棒的爸爸！」巴比一邊說，一邊很快地擋開他父親丟過來的枕頭，讓它掉落在一旁。然後，他彎下腰撿起枕頭，在離開客廳時往爸爸丟去，「把枕頭放回原來的地方，像一個好爸爸！」

「聰明的孩子！」最偉大的直銷商說，聽起來像一部電影《聖誕快樂頌》中的主角在聖誕節早晨說：「我認為我們應該讓他和我們再一起住一年。」他離開房間時四處張望，並補充了一句阿諾史瓦辛格的名言：「我一定會再回來！」

「和子女士，請你照顧我的朋友。」他轉過身說，並將巴比舉起，扛在肩膀上，一路笑鬧地走出去。

我問和子她如何遇見最偉大的直銷商，怎麼會來和他的家人同住？

「我和他在日本相遇，多久以前？」她大聲問自己，「九、十年了！他才剛開始到日本發展直銷事業，我和他在他的第一場聚會中見面。」

「那時，我在一個富商家中當管家，煮飯、打掃、照顧小孩。在日本，那是個不尋常的家庭，很多方面都很西化，父母親都在工作，他們都是在美國受教育，事實上，那是他們相遇的地方，也是我遇見他們的地方。」

「你們那時候都在同一個學校嗎？」我問。

「是的，」她說：「這個父親在商科研究所念管理碩士，他的妻子則是主修國際法律，在那個時候，對日本女孩而言，是非常特別的例子。我想，即使在今天也是一樣。」

「什麼學校？」我問。

「耶魯大學。」她說。

「那妳主修什麼？」

「我上的是一個文化交換的課程，當時，我是念戲劇的學生，在耶魯及東京大學之間往返，算是交換學生。」她回答。

「這聽起來有點奇怪。」我誠實告訴她：「你上耶魯大學，然後回到日本，成為一個管家？」

和子笑著說：「沒錯！我知道這對你來說有點很怪，但事實上，我非常樂於照顧一個房子及成為一個家庭的一份子；我的孩子都長大了，現在也有他們自己的小孩。」我希望她沒有注意到我臉上訝異的表情，「我很融入這個家庭，因為，我已經適應並接受了這家人。」

「和子，我不知道可不可以問，妳多大年紀？」我小心翼翼地提出問題。

「五十六歲，」她回答。我告訴她這很難令人相信，她微笑，並為我的「魅力與有禮貌」道謝。

我們繼續閒聊，不知過了多久。她很自然，很容易就可以溝通，是我相處過、最好聊天的人之一。

她告訴我有關最偉大的直銷商第一次到去日本的時間，以及他第一次舉辦的創業說明會，還有當她決定與他一起發展直銷事業時，他有多興奮。

她回憶，以前在美國時就學到直銷相關的資訊，總認為直銷對日本人而言，是非常完美的事業。有很多公司從美國到日本去發展，但是，大部分的公司沒有針對產品做修改或調整，無論產品的定位、包裝、產品說明會或事業機會，都無法充分反映出日本文化獨特的需求。但是，他的公司完全不一樣，他的確花了時間事前加以研究。

她告訴我，第一次聚會長達六個小時，正式的報告只花了一個半小時就結束，但是，每個人都多留下來幾個小時，詢問有關直銷的問題，以及在美國直銷的做法為何，在日本什麼才是最好的方式。

和子告訴我，那個聚會幾乎變成直銷相關的座談會，而最偉大的直銷商回答了他們每個問題，他也將如何才能在直銷事業中成功的看法與經驗和大家分享。現場，有一群人是來自其他直銷公司的直銷商，他也一樣幫助他們，告訴他們銷售產品與建立組織網的新方法。

「大家都非常驚訝，」她繼續說：「從未遇見那麼博愛、那麼願意與別人分享成功秘密的人。有一些其他公司的直銷商，甚至問我可不可以當他的推薦人，但是，他讓那些人失望了！他要他們留在原來的公司，不過，他們有任何問題，只要時間許可，他一定盡力幫忙。」

「那是個非常值得回憶的夜晚！」她補充：「而且那次聚會改變了我的一生。」

「怎麼說呢？」我回想我自己的感覺……不就是這個星期四嗎？感覺上好像是幾個星期之前。

「那次聚會，有一些背景、資歷都一流的專業經理人在現場。」她回答我的問題：「每一個人都想替他掌管他在日本的事業，他對每個人都很滿意，但要求他們耐心等候，他解釋，公司總裁會在下個星期抵達日本，到時候，由總裁決定公司採用何種組織架構，由誰負責什麼部門。」

「幾乎每個人都想和總裁約時間，我非常確定的是，在那裡的每個人，都想成為『一級棒』世界第一的直銷商。我留到聚會最後，一直等到每個人都離開，我走向他，說：『你有沒有安排時間參觀一下日本？』他告訴我，他已經決定，接下來的第二天，他要排開所有事情，好好看看日本。我問他是否願意讓我成為當他的嚮導，他欣然同意。」

「所以，第二天一早，天氣晴朗，我和他相約在飯店吃早餐，然後開始一陣旋風似的觀光。」和子在描述當時的情況時，好像再一次經歷了那次旅遊的興奮與疲倦。

她回憶著他們到過哪些地方，他一直很想去位於廣島的和平公園，因此當他們真正到了那裡，他有多感動，他的情緒反應深深打動她的心。她又描述，他多麼喜歡日本食物，從非常鹹的傳統早餐，到壽司吧宵夜，或是在等新幹線時，吃一碗熱騰騰的泡麵，還有每人花費超過五百美元的懷石料理。

和子告訴我，她一生中從沒有在那麼短的時間內，在自己的國家參觀了那麼多地方。雖然非常趕，但他們兩個人都有一段非常愉快的時光。

那趟旅遊對她最有意義的是，參觀奈良。根據和子的描述，奈良應該是日本最傳統而且最美麗的城市。她告訴我，在奈良比在日本其他現代城市，更有可能看到穿著正式和服的男男女女。他們住在奈良的飯店，鋪有榻榻米的房間。榻榻米是稻草編成的，要睡覺時再鋪上墊被、枕頭，加上蓋被。

奈良以道觀、佛寺及茶坊著稱，當他們走在奈良街頭，看到一棟非常壯觀的房子，矗立在一個她看過最美麗幽靜的花園。

當時，和子告訴最偉大的直銷商，她一直夢想有一天可以住在像這樣的房子裡。她還記得他當時問她，想不想買那棟房子？而她則被那問題嚇呆了，說她永遠也買不起那樣華麗的房子。

「幾天前我和他在這裡，也有過類似的對話。」我告訴她。

「真的嗎？」她反問我：「那麼，好好把握你的夢想，我的朋友！我六年前就買下在奈良的那棟房子了！」

我目瞪口呆地看著她，很長一段時間說不出話。最後，她打破沈默說：「現在，閉上你的嘴巴，否則蒼蠅就會飛進去了！」

看完這章請想想：

1. 你有沒有做過某一份工作，雖然看起來不特別，但你卻投入真心，因為那讓你覺得「這就是我想做的事」？
2. 在別人眼中，你的角色也許只是某個職位，但你心裡真正想活出來的自己，是怎樣的人？
3. 想一想，如果你不用管頭銜、收入或社會眼光，你現在最想用什麼方式活出自己？

第十章

與自由有約

原是被派去照顧來賓的管家，卻成了直銷事業在日本的總負責人……

我坐下來，仍然盯著最偉大直銷商的管家看，試著要確認她剛剛跟我說的話，她禮貌性地忽略我的注視，繼續敘述主人第一次到日本的情形。

她表示，當他們最後回到東京時，坐在帝國飯店的房間裡，最偉大的直銷商問她，若要在日本建立直銷事業，她會怎麼做？她會選擇什麼樣的人來主導這個事業？她想要與什麼樣的人一起工作？想要成為誰的下線？

那時候，她根本無法回答那一連串的問題，但是她知道，這對最偉大的直銷商非常重要，所以，誠實地告訴他，她認為會議中的任何一位專業經理人都是非常適合的人選。

然而，她唯一的顧慮是——其中沒有任何人有過直銷經驗。但是，最偉大的直銷商表示，那才是最好的情況。他解釋：這樣，他們才不必學著忘記以前的經驗，因為說服他們放棄傳統的行銷手法，而不去改變他們對直銷原有的認知，已經很不容易了！

「我們談了幾個小時，」她回憶：「事實上，已經到第二天的早上了，我們談論的話題包括我認為在日本什麼方式會成功，日本人的工作及生活習慣，日本人的價值觀及生活中最想要的東西。我試著想要讓他告訴我，他的想法是什麼，但是，他什麼都不多說，只想知道我的答案是什麼。」

「我完全瞭解妳的感受。」我告訴她，他問的問題比我見過的任何人都多。

我們倆相視而笑，這時候，最偉大的直銷商回到房間來，坐在我們對面的沙發上。

「和子是否啟發了你？」

「她告訴我你們相識的經過，你們如何在日本開始直銷事業，而你從不讓她問任何問題，這對我而言非常熟悉。」我回答。

他大笑問：「她有沒有告訴你，她是我們在日本直銷事業的負責人？」

「沒有！」我非常驚訝：「她沒告訴我！」

「和子女士，請把真相告訴他。」

「他選擇我來負責日本所有的運作。」她直截了當地說：「起初，他接到很多抗議，因為他公司的管理階層想要的是一位強有力的男性專業經理人，但是他一直說服他們，將這份工作交給一位管家。」

她笑著說：「你能不能想像他們的感覺？他告訴他們我是最佳人選，我知道他們為這件事爭論了很久。」

「沒有！」他打斷她，「我只是以他們的最大利益為前提，與他們達成一個協定。」

「對呀！的確如此。」她笑著轉向我說：「協定是，他們給我一年的時間，擴展營業額與直銷組織，如果沒有達到百分之百的成長率，在未來十一個月，他會將他的獎金退回給公司。」

「真的嗎？」我再一次感到不可思議。

「對，更糟的是，事前他並沒有告訴我這項協定。直到我們第一個周年慶，公司總裁和其他主管從美國來到日本時，我才發現這個約定。」

「和子，告訴這位年輕人營業目標是多少？」

「第一年達到每月五十萬美元的業績！」

「然後告訴他你實際達成的目標是多少？」他催促著。

「不要，你自己告訴他。」她假裝不高興，將問題丟回給最偉大的直銷商。

「我們這位管家女士，」他告訴我：「是本公司全球歷史上，成長最快、最成功的直銷商。她的組織擴散到全日本，第一年就創造了一千一百萬美元的業績，在第二年年底之前，已經是百萬富翁了。」

「不可思議！」我差點透不過氣來，事實上，我想我的表情一定是一片愕然，因為他們指著我的臉爆笑不已。

「我的朋友，」他朝我這邊靠：「在這個行業，你只能成就你自信習慣領域內的事，我選擇和子，因為我看到她相信任何事情都是可能發生的。在日本，她並沒有對直銷的概念設限，也沒對自己設限，她根本不相信有什麼事情是不能完成的，而且她拒絕去聽任何人的相反意見。」

「忽視那些人對自己是一件好事！」和子微笑著補充：「這是事實，我從小受到雙親的教誨，告訴我要相信任何我想要做的事，任何我投注心力的事都可以完成。」

「除此之外，我最好的朋友，」她指著最偉大的直銷商，「幾乎是將每天清醒的時間，都用在幫助我開啟直銷事業，前後達六個月之久。我做的只是跟隨他的腳步，按部就班，做他教我的事。」

「複製，是我學到最重要的課題之一，我和所有的主要下線也是藉此方式，進行組織擴展。」她補充。

「你總共有幾個下線領袖？」我好奇地問。

「活躍下線有九條。」她告訴我。

「你總共推薦過多少人？」我訝異地問。

「五十個左右。」她回答。

「在這十年當中，你只推薦了五十個人！」我被她的答案嚇到了。

「是的，」她再一次確認，「那也是我的『老師』教我的其中一項。」

「他告訴我，每一位成功的直銷商，收入的主要來源，在二到五名下線領袖所發展出來的組織網。只要找到四或五個人，承諾願意成功、成為領袖、發展組織，就夠了！在所有下線中，你只要全力培養這些已經承諾的下線，我就照著他的話去做。」

「那不想承諾的那些人，怎麼辦？」我問。

「他們想要什麼，我盡量幫助他們達成。」她回答：「記得嗎？我是個管家，照顧人是我的專長，所以，我依照他們想要達成的目標，給予適當的支持、時間與關心。但是，我非常清楚自己要的是什麼，我要的是可以複製的領導者。」

「我向來不對潛在或新的直銷商下任何評斷，」她繼續說：「我詢問他們的想法，有些人在剛開始時，不想發展很大的直銷組織，而我知道，其中有一些人的想法是，他們根本不可能有那麼大的成功，所以，我總是花時間，幫助他們建立可以支持他們積極想要成功的自信習慣。我的下線領袖中，有一些是在剛開始時，根本不認為他們有能力成就這樣的事業。」

「你現在還進行推薦嗎？」我問。

「當然有，」她回答：「但是，不常也不直接推薦了！我幫助我的下線進行推薦。當我遇見有潛力的新朋友時，我就會進行配對，在下線中找一個最能跟他合作愉快的人來進行推薦。」

聽完之後，我整個人往後坐，將自己深深埋在沙發中。這些話我以前都聽過，也曾在直銷相關的書或雜誌上看到，但是，我從沒遇見過真正實踐的人，並能與她面對面分享成功經驗。

我的自信習慣在這裡受到很大的啟發。

「和子，我非常肯定妳現在一定可以退休了，為什麼妳還要繼續從事直銷事業？而且為什麼你要繼續當……」我遲疑著：「為什麼你還要當管家？」

「我繼續從事直銷事業，是因為我喜歡它。」她回答：「沒有其他任何事是我更想做的，那是我生活的起點。」她強調生活，好讓我明白生活的意義不只是一份工作或一個職業。

「而我仍然當管家，因為我喜歡管家的工作，你也許已經發現，管家這份工作，對直銷領袖的魅力而言，是個非常棒的訓練課程，真的！」她加強語氣，因為我的臉上顯出不相信的表情。

「直銷事業的核心意義就是在照顧你周遭的人，而且是非常喜歡照顧別人，尤其是がいじん。」她繼續補充，一面指著最偉大的直銷商，豎起她的大拇指，好像她在高速公路旁準備搭便車。雖然她偽裝得很冷靜，但是她對屋子主人的情義表露無疑。「這就是我的老師，我生活的導師。能和他在一起，是我莫大的榮幸。我持續不斷地向他學習，而且向他的家人學習。你還沒見到瑞秋，我想你會見到她的，對不對？」她面向他問。

「我相信是的，」他回答：「但是我不確定瑞秋現在在哪裡，你今天有沒有見過她，和子？」

「沒有，今天還沒見到她！」和子回答：「今天是二十五號，有一場表演，是不是？」

「在春天，每天都有馬術表演。」他說：「尤其，今天是個好天氣，不過，我必須先看一下我的約會承諾簿，我只記得和她約了今天一起晚餐。」

「約會承諾簿？」我問。

「就像常用的約會行事曆一樣。」他回答。

「你和你的家人也要訂約會？」這個主意又讓我覺得不可思議，但我馬上就愛上這個做法。

「對呀！不只是瑞秋，還有我的兩個孩子。」

「嗯……」我猶豫著要不要問，最後還是開了口：「你可不可以告訴我這是怎麼回事？」

「可以啊！你想知道什麼？」他輕鬆地回答。

「和自己的家人訂定約會，似乎有些奇怪。」我不好意思地說。

「這個意見不錯！」他稱讚，但是他再問一次：「你想要知道什麼？」

「嗯……這樣好像顯得有點生疏，不會嗎？」

「我不覺得，」他解釋：「對我而言這個方法非常有效，我有商業性的約會，可是我也和自己的家人約會，讓他們幫助我實行計劃，這些都是我的承諾。」

「但是，這不就將家人相處最自然的部分抹滅了嗎？」我問。

「恰恰相反，」他表示：「這反而是我確定有時間可以和家人相處的方法之一。」他看著我疑惑的表情說：「讓我解釋給你聽。」

「有一段時間，我的家人在我的生活中，老是排在第二順位，工作永遠第一。事實上是，我的家人被遠遠地擺在工作之後，我喜愛工作。對當時的我而言，工作是世界上我最想做的事。也因為如此，我將家人擺在第二位。當我有時間或方便時，在工作完成之後的片刻『自由』時間，我會找他們聚聚聊聊。」

「但是，我發現我幾乎沒有任何的『自由』時間。任何時候，只要一有空檔，其他的事情馬上會填補進來，我的生活全被工作佔滿，沒有時間陪伴家人，而且也沒有時間留給自己。」

「於是，我問自己，到底缺少什麼東西？我必須如何做才能騰出時間與家人共處，也做一些自己想做的事？」

「我發現，我缺少了兩件事，」他說：「第一件缺少的是許下承諾，並確定履行承諾。我知道我一定可以做到，因為，我常常為事業許下承諾，並且努力完成每一個承諾。對我而言，這似乎是件單純的事情，不一定容易，但是單純。假如在事業上我可以做到，沒有理由在生活的其他部分做不到。」

「所以，我開始和瑞秋及孩子們訂定約會時間，只要任何問題需要和我商量，或只是想和我聊天，都可以和我訂約會；我跟他們說明自己在做什麼，為什麼要如此做。他們都同意協助履行我與他們訂下的約會，因為，我們都把這些約會視為承諾，而不只是單純的約會。」

「我和瑞秋訂約會一起晚餐，在孩子們上床後一起看錄影帶，有時甚至是在市區的飯店排定周末研討會，我們討論的主題相當隨興。」

「瑞秋和我每天早上九點鐘，固定花三十分鐘談論我們的工作或生活發生了什麼新鮮事。當我們兩人之中有人，因為任何原因必須離開家，我們就利用電話進行溝通。」

「我也和我的兒子巴比訂定約會。我請他當我的『樂趣教練』，因為我發現我生活中的樂趣也逐漸在消失，幾乎是『只有工作，沒有遊樂』。而巴比會帶我出去打棒球。順便一提，那也是為什麼我現在會成為一名『梯球』教練的原因。我們也會去散步、去探險，我就讓他當我的教練，告訴我該做什麼。」

「剛開始和我的女兒瑞貝嘉訂定約會有些困難，除了馬之外，她只希望我陪她逛街購物，父親就像是她的提款機。幾次下來我也變聰明了，我決定多陪她騎馬。」

「我已經有多久沒騎馬了？」他閉著眼睛想：「天啊！大約有二十年了，而且是那種西部牛仔的狂野騎法。瑞貝嘉教我英國紳士的騎術，她也教我如何讓馬跳躍，那種感覺非常棒。她是一名非常優秀的老師，現在她一個星期幫我上兩次課，把父親當成學生、客戶，或付錢的顧客。」

「我從未多想『冷淡』或『自然』的問題，最重要的是，這種方式是不是讓我自己與家人的生活都更美好？根據多年以來的經驗，答案是肯定的。因此，我可以下一個結論，對我而言，這是個成功的方法，但是對你，也許結果完全不一樣。」

「才不會！」我馬上反駁：「我完全瞭解你的動機與做法，聽起來這真的是一個非常棒的方法，可以確認你的工作及家庭生活兩方面是否平衡，我也想要試試這種方式。」

「你知道嗎？」我說：「使用那樣一本約會承諾簿，而且將家人的約會包含在內，就像是創造一種自信習慣，不是嗎？」

「聰明的孩子，完全正確！」最偉大的直銷商稱讚我，就像他之前稱讚巴比一樣，聽起來像夢幻籃球隊總教練。

「我們可以繼續完成有關習慣的話題嗎？」我問。

「當然可以，」他說話的同時將身體往前微傾，很快地來回摩擦雙手，微笑看著我：「但是，首先你要記得我說過，為了將時間花在一些真正想做的事情上，我發現自己缺少兩件事。」

「是的，你說過，」我同意，「許下承諾並履行承諾是第一個，那第二個是什麼？」

「一旦我開始為實踐承諾感到光榮時，馬上感受到的是，對工作我只擁有一點點的自由，再也不能去創造新的工作。」他講得非常慢，而且非常強調，就像對待一個非常重要的話題一樣，我立刻發現他變得嚴肅起來。「我以為六位數的薪資、優厚的紅利，可說是一鳴驚人的重要成就，但當我擁有了自己的事業，當了老闆才知道，我錯了！大錯特錯！」

「告訴你實話，當我發現我真正有的自由少得可憐時，我非常訝異，」他站起來，做了一個擴胸運動，好像是要為座談會下一個舉足輕重的結論：「時間就是我最缺少的東西，而且我明白，讓自己擁有多一些時間的唯一辦法，就是去創新自己的生活和工作，然後就會創造出更多時間，做我想做的事。」

「那就是當直銷進入你的生活時？」我猜。

「是的，那就是我決定開始從事直銷事業的時候。」他讚許地點點頭：「在當時，我知道直銷這行業已經許多年了，我認為那是個有趣的行業，甚至非常有潛力。但是，我並非真正了解這個行業的精髓。身為一個傳統行業的行銷人，我發現自己背負了太多沈重的包袱，無法看到可能成功的機會與可能性，你可以說，我的自信習慣並沒有讓我看到自己可以在直銷事業成功的機會。」

「那麼，你如何處理那種情形？」我非常迫切想知道答案。

「我知道，我自己必須學習去忘掉許多事情，我也知道這對我而言，會很困難，因為我有時候是非常固執的。」

「完全正確！」和子贊同地說。

他向她做了個鬼臉，然後深深吸了一口氣，繼續他的話：「所以，我選了一個名聲非常好的公司，在直銷史上的時間已經夠長，經歷幾次的起起伏伏，還是屹立不搖，公司也擁有非常堅強的管理階層及實務經驗，而且產品非常吸引人，只要使用過的顧客，就會喜歡上這項產品，並且一輩子持續使用。因此，我知道從事直銷事業，一定會有額外的收入，而這個公司又有我能找到最好的推薦人。」

「事實上，我當時在找尋的，」他非常戲劇化地繼續：「是全世界最偉大的直銷商。」

「喂，等一下！」我大叫：「我以為你才是全世界最偉大的直銷商！」

「對啊！有一些人是這麼說的，」他承認：「但是，假如這是真的，那教導我有關直銷事業的那個人，應該被稱為什麼？」

「讓我想一想……」我非常沒有信心地說，這個話題讓我的心翻騰，我呆若木雞坐在沙發上，想著：世界上有比他更優秀的直銷商嗎？我望了他一眼，又看看和子，他們只是坐在那裡笑，就像兩個竊竊私語互訴秘密的孩子，我從他們臉上也找不到答案。

「好了……」我開口，以為可以說點話，卻發現腦子一片空白，半句話都說不出口。

「走吧！」他站起來並邀請我：「我們一起去找我的推薦人。」

一定是她！我心裡想，一定是他的妻子瑞秋。「實在太神奇了！」跟在他及和子後面走出房間、離開這棟房子時，我不自覺地大聲告訴自己。

看完這章請想想：

1. 你現在的生活，是你自己選擇的嗎？還是被工作、責任或他人期待推著走？如果可以重新調整，有哪一塊你想先改變？

2. 想一想，你有沒有把「工作上的承諾」看得比「生活裡的承諾」還重要？如果要為自己重要的人也立下約定，你會從誰開始？

3. 如果自由不是什麼都不做，而是「有能力做你真心想做的事」，那你現在最想用自由來換取什麼？

第十一章

打破缺乏自信的習慣

在女主人的引導下，終於說出那句關鍵話……

我們走過屋前的石板停車區，經過他的居家辦公室，來到馬房。就在靠近馬廄時，我看到一輛至少可載四匹馬的長型拖車，連接在附加後輪的卡車。

我們從拖車旁走到車尾，一陣馬的躁動聲從拖車內傳出。一眼看到一位年輕的小姐，正在設法哄一匹高大的灰色母馬倒退著從拖車斜板走下來，伴隨著馬鳴聲的是長長的馬頸，正昂揚起伏。

「噢，拜託！」她輕叱著馬兒：「你知道該怎麼做的，別這麼固執。」這位小姐邊說，馬兒慢慢走下斜板，並且旋轉騰躍在小路上。

「不像是馬的主人？」我的主人評點說：「如何呀？瑞貝嘉？」他問那位女孩，我覺得她可能就是他的女兒瑞貝嘉。

「糟透了！」她加強語氣。

「到底怎麼回事？」他問。

「我的馬鞍吱吱叫！」拖車內傳來回答。

「所以，評審判她輸了！」瑞貝嘉笑著說：「你真該在現場看的，爸爸，她氣瘋了。我還以為她會對著他的鼻子海K下去，她告訴評審下回她會在臀部上油，並且輕快地跳躍。」

「最好笑的是，」她繼續說：「他是媽媽為這場『紅山表演』請來的評審。」

「嘿，小姐！」告誡意味的聲音急促地從拖車傳出，「別提了！我實在是……那個人真是……」憤怒的聲音戛然而止。

在我跟前站著的是，一位穿著黑色長筒馬靴、剪裁合宜的藍色馬褲、白上衣、全副騎馬裝備的騎師，她就是瑞秋。她從頭髮上扯下髮網，用力且快速地前後甩了甩頭。只見一頭濃密的髮絲像瀑布般飛散開來，使她看起來像個極具吸引力的美魔女。

她看著我直直走過來，伸出手，以輕柔、深沈、誘惑的聲音說：「我是瑞秋，也是你從未見過的最好、最端莊的女性……」緊接著嗓音一改，強而有力且惡毒地說：「但是，我已經被罵得沒心情去取悅你或其他該死的傢伙了，對不起！」她戲劇性地說完，隨即走進馬房。我有點被嚇到，其他在場的人也一樣。

漸漸地幾聲輕笑劃破了沈寂，隨之而來的是哄堂大笑，其中笑得最大聲的就是我的主人。而我僅能咧嘴微笑，覺得自己沒膽加入他們。

等到每個人都笑夠了，和子說：「我最好是去準備女王洗澡的工作，我該把溫度調到二十度左右嗎？」

「別費事了，」我的主人說：「她一進到那裡就能使室溫升高到二十度，有夠瞧的，她已經氣得冒煙了！我從沒看過她對任何人發過這麼大的脾氣，除了十二年前我喝醉的那一次。嘿！瑞貝嘉，她揍了評審嗎？」

「沒有啦，爸。」她說：「但她真該揍下去，那個評審實在沒道理，她騎得十分完美，凱西也表現得可圈可點，我想他只是不想讓她一次通過所有檢定吧。」

「看起來好像他今天挑錯人去施展權威，」他問：「她是如何發現吱吱聲的？她查過座位嗎？」

「是呀！」瑞貝嘉說：「檢定後她迅速衝向評審台，我們都勸她別上去，但阻止不了，她氣得七竅生煙！」

「我敢打賭，」他大笑說：「嘿！」他轉向我，「你剛剛見識最有權威的女性，嗯……權威！我的天，她可真不簡單呀！」

「妳暴跳如雷時美極了！」他朝著馬房的方向大叫說，隨著急忙抓著我和瑞貝嘉的手臂，輕聲說：「我們閃開這裡。」

我們在起居室聊了近四十分鐘，瑞貝嘉沖完澡後也加入聊天。接著，瑞秋走了進來。徵得她的同意，和子為她準備了洗澡水，為了想緩和她的情緒，點上了蠟燭。甚至幫她預備了她最喜歡的浴袍，以及一杯檸檬水。

瑞秋把檸檬水放在咖啡桌上，緊鄰著我坐了下來。她挽著我的臂膀，直視著我說：「我聽到最偉大領袖低聲輕笑，而且，我也只為我老公演出荒唐鬧劇。到底是什麼使你如此與眾不同？」她問。

我還來不及回答半個字，她緊接著說：「噢，他臉都紅了，」她挽緊我的手，「我喜歡他。」她對她先生表示，並朝我微笑，「他從哪兒來的？」她隨著又問。

「我周四晚在城裡的會議上遇到他，」我的主人說：「就邀請他周五過來坐坐，一起聊聊。」

「所以，」瑞秋轉向我：「你都做了些什麼呢？」

「我不知該從何說起，實在有太多……」說到後來我又開始結結巴巴。

「別急，放輕鬆，」她拍著我的手說：「這又不是考試。」她笑著伸長身拿取飲料輕啜著幾口。

「夫人，」和子說：「你今天真夠受的了，不是嗎？」

「是呀！」瑞秋說：「謝謝你，和子，幫我準備完美的洗澡水、蠟燭及檸檬水，你真是善體人意。」

「不客氣啦！」和子回答：「你看起來是需要這些的。」

「可不是嗎？」瑞秋以鄉土口音回答，她又轉向我問：「從你來之後，你們這些傢伙都做了些什麼？談了些什麼呢？」

我盡可能地報告我們談過及做過的事，當我這麼做的時候，我才了解到在不到二十四小時的時間內，有這麼多訊息、觀念、新思維及經驗，啟發著我。

看到這裡，我相信你正期待我說「不可思議！」所以，我不想讓你失望：「不可思議！」正是我所能用來形容最貼切的字。

「那麼，」瑞秋在聽完我對所見所聞所做的描述後表示：「似乎我們都過了充實的一天，」她問我：「接下來你想做什麼？」

「首先，」我說：「必須養成能支持我達成目標的自信習慣。」

「棒透了，帥呆了！」她對她先生說。

「我也這麼告訴他，」他同意地表示：「學得很快唷！」

「很好，」瑞秋又轉過身來問我：「那你會從何下手呢？」

「喔！」我大聲說：「從釐清目標開始，一些我已知的、一般性的自信習慣會支持我有所獲得。」

「想聽聽別人的建議嗎？」她問。

「當然。」我說。

「先和你的自信習慣平心靜氣地溝通。」

「請告訴我為什麼你這麼建議？」我問。

「不，」她沈穩、溫和而有力地說：「你來告訴我。」

我體會到眼前這一對夫妻是多麼堅強有力，而且身為偉大的直銷領袖是如此的專業。

「好，」我慢慢地說：「我覺得自己有缺乏自信的習慣……」我暫停了一下，看看他們對我這句詞彙的反應。

「很好！」瑞秋微笑地說：「繼續呀，我聰明的朋友。」

我繼續表白：「我缺乏自信的習慣，影響我把人生目標具體化，也就是說，無法判定我的構思是否可行。而我現在所擁有的習慣，正是形成我今天這個樣子的主因。所以很明顯的，這些習慣有必要加以修整，因為今日的我並不是心目中的我。」

「那麼，」我繼續說：「第一步是平衡，也就是開始平衡我衡量事物的準則。」

「棒嗎？帥嗎？」我問他們。

「了不起！」瑞秋說：「說得非常確實。」

「很好，」男主人坐著伸長身子說：「那該如何來做到你說的呢？」

「這正是我想問兩位的問題。」說完，我靠回座位靜待下一步。

看完這章請想想：

1. 你曾經察覺過自己有哪些「默默運作」的想法，其實正在限制你嗎？怎麼發現的？
2. 如果自信是一種可以練出來的習慣，你覺得自己在哪方面最需要重新練習？
3. 想一想，現在的你和你「理想中的樣子」有哪些差距？那些差距是不是其實跟舊有的思維習慣有關？

第十二章

信仰的影像

閉上眼，在心裡的電影裡，這次真的看見了自己未來的樣子……

我們換了個場地繼續討論，主人伉儷和我，一起由起居室移向廚房。時間再次飛逝，當和子前來詢問是否有人想進餐時，已過了六點。我們幾個人要去準備晚餐時，瑞貝嘉去找巴比，瑞秋則回房更衣。

廚房座落在一整個台地上，不僅寬廣還有些巨大，比較像餐廳而非廚房，其中的擺設也很像餐廳才有的設備，例如：炭灰色八個灶口的瓦斯爐，以及閃閃發光、不銹鋼外表的大冰箱，至少比我們一般人家裡的大上二～三倍。

這個房間也有空調，因此令人覺得溫暖合宜，很明顯地，這是整棟房子的中心，因此，在這裡進行的活動遠多過起居室及其他房間。

每個人都參與準備工作，我負責切青菜，由瑞貝嘉專業地指導著。她詳細地解釋胡蘿蔔最好是斜切，才能保有原始的滋味和有效的能量。

「營養。」和子介入我的課程：「用這種切法，我們可以獲得胡蘿蔔完整的養分，因為斜切是順著它生長的趨向。」

「陰陽調和。」瑞貝嘉插入一句。

「看來，我即將嚐到哲學的滋味？」我大聲地嘟囔，把她們都逗笑了。

我們在廚房中央的流理台工作，有一邊是一大塊又黑又重、像屠夫用的砧板，我所能觸及的全是柚木。另一端則是雙槽洗滌區，晚餐要用的蔬菜海鮮都在那裡徹底清洗。我們用的海鮮有蝦貝、白而薄的魚肉、干貝，還有……對了，那是……龍蝦！

在流理台上方，有琳瑯滿目的鍋子、煎盤、壺具，全部懸在天花板上堅固的銹鋼吊架上。而且一個廚具都閃發亮，在這廚房裡彷佛天天都是聖誕節。

我們最後完成四大盤菜，有三盤擺著切好的蔬菜：胡蘿蔔、南瓜、大白菜、韭菜、青蔥、花椰菜、紅椒、青椒、豆莢，以及鮮嫩的玉米筍，盤是裝飾華麗的海鮮。每一盤都精心擺置，宛如要替美食雜誌拍照一般。

我們站在那裡注視著這些令人驚歎的奢華，直到我無法自制地問：「現在還要做什麼？」

「火鍋！」巴比叫道。

「什麼是火鍋？」我問。

瑞秋為我解釋這種日本傳統的火鍋，每個食客都在自己前方的鍋子內烹飪。這道複合式的晚餐，是大家圍坐在底下有瓦斯爐燒煮的清湯鍋邊，將自己想吃的青菜、魚、貝類，夾到鍋內煮熟再夾回自己面前的盤子。通常會有一碗白飯，還有多種沾料。

和子說，在日本，火鍋是秋冬最受歡迎的一道菜。不過，她也告訴我，由於這個家的成員都是「鄉間武士」，所以，隨時都可以吃到火鍋。

我們坐在一張老木桌旁，在我們選用沾料並用木筷開始氽燙食物時，瑞秋問我：「我們剛剛談到你的信念習慣，需要用新的習慣來平衡評量事物的準則，而你想知道我們是怎麼做的，是嗎？」

「是的。」我說。

「那麼，」瑞秋回答：「我想先聽聽看你會怎麼進行。」

「好，」我說，而且一點也不訝異議題又迴向回到我身上。「我會先從重現過去生活影像的練習開始，這是你先生教我的。你知道這項訓練嗎？」我問她。

「她知道。」我的主人說：「是她教我的。」

「噢！」我笑著說：「我知道了。」

「所以，」我繼續說，「我必須從內心電影中取景、建立信念，再去建立新的、積極的自信習慣。」

「很好，」瑞秋說：「多告訴我一些，說一下你現在有的一個自信習慣，還有什麼是你想從內心電影中取景來取代它的？」

「好，」我清晰地大聲說：「我曾經相信自己不能在群眾面前演說，但是我知道我能，只是不喜歡，因為我並不擅長。不過，在我內心的電影中，我站在講台上，台下的聽眾如癡如醉，他們的反應宛如我是一流的演講家。」

「對，」瑞秋說：「多形容一下，給我更詳細的內容。對你而言，一流的演講家是什麼樣子？」

我盡可能地回應瑞秋的要求，剛開始有點遲疑，甚至侷促不安，因為這實在像……嗯……在說謊。她注意到我的困窘，問我到底怎麼回事，我告訴她整件事聽起來有些愚蠢。

「我了解，」她說：「剛開始可能會有點這種感覺，但你要知道舊有的習慣是你經過多年才養成，因此新的觀念及景象，可能讓你覺得有些笨拙。畢竟，你知道自己不是口條很流利的演說者。所以，要你說出或相信你並不是的那種人，你會覺得這個念頭有點荒謬可笑。」

「但是我很清楚，」我打斷她的話：「這是必經的過程。我的意思是說，我很清楚這是怎麼回事，舊習慣拒絕新的習慣，有點像是舊習慣正在做困獸之鬥。」

「好極了！」瑞秋說，而且我可以看出來她很高興。

「不簡單！」她丈夫補了一句。

「繼續、繼續。」她鼓勵說。

「好，」我說，並深歎一口氣，閉上雙眼以帶引我的心觀照到自己站在群眾鼓掌的舞台上。

瑞秋輕攬著我的臂膀，我盡情地發揮想像，她溫柔地問：「你剛剛在做什麼？」

「嗯，」我告訴她：「我正從內心電影中挑出景象，仔細端詳著，記住它的感覺。他們看起來像什麼？我的感覺如何？人們的掌聲。」

「棒極了！」她大聲說。

「為什麼棒極了？」我問。

「因為你剛剛在心目中刻劃景象的過程，正是你不論何時何地或面對哪種主題，都能改變習慣的必備動作。即使這些景象是出自想像，但你的心靈已接受它們有如實景，那是你的經驗讓心靈足以輕易記牢的結果。」

「所以說，」她繼續：「你平衡了評核事情的準則，正在為你的新信念增添新的影像，而你的心正以幾何等比級數的方式運作，它正在無限複製，好讓你『記得』或『釋出』經驗，瞬時你心中評核事情的準則會朝另一個方向擺動。」

「其實，它已經這麼運作過，當它開始聚集能量，即使是一點點，都能督促你朝向較積極的另一端，而使你改變行動方式。你了解我在說些什麼嗎？」

我了解瑞秋的意思，在我心目中已浮現天平傾向另一邊的景象，而且因為它的重要性而愈趨下沈。我告訴瑞秋我所看到的見。

瑞秋坐在椅子上往後靠，明亮微笑地看著我：「我該好好地看看你，或抱抱你，我想先好好看看你。」

「另一端是什麼樣子？」最偉大直銷商問。

「什麼？」我不清楚他的意思。

「天平的另一端？」他說：「你剛剛說有一邊越來越重……你是怎麼說的？變輕的那一邊又是什麼樣子呢？」

我閉上眼睛去想像那個天平，向他形容我所看到的一切。

我看到它們在擺動，有一邊變得較重，在閃亮中緩緩下沈。另一端則暗淡許多，灰暗的景象正飄浮著。

這真不可思議！我不曾如此荒唐，我的心中沒有浮現過如此具象的影像，好像我真的在看電視或電影。

「你又是如何處理？」他問我。

「老天，」我以曾有過的青少年嗓音及感覺說：「就像是舊有的信念變輕，然後飄浮開了。」

「太傳神了！」他叫道。

「這意味什麼呢？」我問。

「不知道，」他回答：「聽起來很棒，不是嗎？」我承認確實如此，而且也自覺不簡單。我真的感到身體輕了許多，我原本為未來的事瞎操心及預設立場的情形也消逝無蹤。取而代之的是……自信。

「你能顯露出真正的你，真好。」瑞秋誠摯地說。

我一定是看來很困惑，她抬高眉毛睜大眼睛解釋：「你能在這兒真好，我感覺之前你有時心不在焉，彷彿在某個地方，而不是活在當下。」

「外出吃飯去了。」我大笑說，他們也跟著大笑，點頭表示贊同。

我們靜坐了一會兒，我的內心充滿影像，一幕幕展現我正在做一些我一直想做的事，和人們以我夢寐以求的方式相處。我甚至不用閉上眼睛，那些影像就可以在我心中自由穿梭。

最後，我說：「這就是了，不是嗎？這是你們塑造新習慣的方式，內心的習慣理念支持你去創造生命中的需求，太不可思議了！」

「是的，的確如此。」瑞秋說。

「媽，」瑞貝嘉說：「告訴他你的日程規劃以及承諾簿。」

「那是什麼？」我轉向瑞秋問道。

「你知道什麼是日程規劃？」她問。

「一個有日期的本子，讓你記下約會及重要事項，就像是你先生和我提及的約會承諾簿？」我回問她。

「是的，」她說：「瑞貝嘉和我都各有一本透明塑膠片般的日誌本，兩邊有尺寸相同的紙張，因此，不論看向左邊或右邊，都能看到其中記載的事項，我們在上面寫明所有想改變的信念習慣。

「每天第一件事，就是看一遍，上床睡覺前再審視一次。整天的行程，只要看日記本中記載的承諾及待完成的事，我會挑出一個句子或一整段好好讀一次，然後閉上眼睛，想像我正在完成那件事的情境。我想我可能每天都如此做上二十～三十次，這樣的自我管理已行之有年。」

「我也是用這種方法得到我的馬，」瑞貝嘉告訴我：「我在學校的筆記本裡，放了好幾張日程管理表，其中一張寫著我擁有馬的故事，還有一大疊我從雜誌剪下的圖片。」她神秘地加上一句：「我想爸爸會斃了我，要是他發現我把圖書館馬年鑑上的照片剪了下來。」

「我是該斃了你！」他說：「在我的承諾簿裡，正有張我這麼做的圖片！」我們哄堂大笑。

「說正經的，」瑞貝嘉說，伴著頑皮的笑容及手勢，：「我每天都看很多很多遍，有一天上英文課，我一直盯著它看，老師悄悄走到我身後，問我在幹什麼？我羞死了！但我還是告訴她實話，以及我為什麼這麼做，我想她認為這招還不賴。」

「還不賴？」她父親插嘴說：「我可不能不說，」他身子越過桌子撥弄她的頭髮，直到瑞貝嘉告饒地叫：「爸爸！」

「老師把它列為研究課題，」他驕傲且明快地說：「她要求瑞貝嘉全班的同學，構思一個達成信念的故事，並且要從雜誌上取材而非書本。」他斜眼看了一下瑞貝嘉：「除了把剪下來的圖片貼在他們所寫的故事後面，她甚至要求他們都必須構思一則英文課得甲等的故事，一點也沒開玩笑！」

「他們做了嗎？」我問瑞貝嘉。

「是呀！」她回答，不好意思地低頭看了下地面。

「全班？每個人？」我不敢置信地問。

「全班。」這回在瑞貝嘉的臉上及聲音上，找不到一絲羞怯。我被說服了。

「不論如何，」瑞貝嘉繼續說：「我開始改變信念後的六個月，就得到自己想要的那匹馬。」

「不對。」她父親說。

「不對？喔，我知道，」瑞貝嘉補充說明：「是兩匹馬。」

「哇，少來了！」我訝異地說。

「是真的，」瑞秋告訴我：「我們告訴她，爸爸媽媽支持她擁有自己的馬，但她必須自己想辦法弄到馬。所以，她放學後去幫我們一位朋友的農場清掃馬房及打雜工。」

「他們有一匹可愛的純種灰色母馬，而她的小雌馬和其他的馬處不來。這對母女和其他馬在一起時，老是踢咬同伴，脾氣壞到沒人喜歡騎它們。他們好幾個月前就想賣掉這對馬，但沒人想買。瑞貝嘉似乎是唯一能控制母馬的人，所以他們決定把兩匹馬都給她。」

「真像天方夜譚！」我順勢站了起來，走上前致意，並轉向巴比問：「你有什麼樣特別成就的故事，要跟我分享嗎？」

「我的第一次科學競賽……、高爾夫球賽、賽馬冠軍、我的腳踏車……」

「停！停！」我插嘴：「我懂了。」

「你想聽我如何得到我的房子嗎？」和子問。

「不要阻止她。」最偉大的直銷領袖奉勸我。

「在我回奈良發展直銷時，有一天帶著相機走到那棟房子前。我很有禮貌地向前來應門的人解釋，這是我看過最美的房子及庭園，我請求他們同意我拍張照片。而在他們聽完我多想擁有這棟房子，以及我拍照是為了改變信念習慣以達成目的，屋主被我挑起興趣。他們主動幫我拍了些在走道、庭園、起居室的照片，並帶我參觀整棟房子，解釋它的歷史，還邀請我共進晚餐。」

「我當晚讓他們簽約加入直銷，」她笑著說：「他們現在是我的兩位領導人，也是摯友。而在我們邂逅的兩年後，他們想搬去橫濱與孩子同住，希望我能承接他們的房子。他們認為這對他們而言十分重要，因為擁有它的人，必須像他們那麼喜愛它，才能保有屋宅的歷史及美觀。所以，我就買下它了。」

「第七十四課，完不完整？」我的主人問，把他的手放在我的肩上。

「十分完整。」我回答。

「很好，」他說著從椅子站了起來：「男士們，碗盤之夜開始，親愛的女士，請退席。」他命令道。

「他總是在只用一個鍋子時，承攬洗碗的工作。」瑞貝嘉滑行地離開廚房時明顯在挖苦老爸。

「他真是個聰明迷人的男士。」瑞秋補充說。

和子鞠了躬，微笑地看著我們整理廚房。

看完這章請想想：

1. 你曾經相信「我就是這樣的人，改不了」嗎？那時候的你，是因為什麼而這麼相信？現在的你還同意那個想法嗎？
2. 假如你可以重新想像一個更好的自己，那個版本的你，會在做什麼樣的事？他（她）的眼神或動作有什麼不同？
3. 如果你真的能想像出一個更棒的自己，你會想用什麼方式提醒自己每天記得這個畫面？是寫下來、貼在牆上，還是用別的方式？

第十三章

重點在成為專業老師

女主人的父親——把一輛全新跑車拆成零件的老爸……

當我們離開廚房，最偉大的直銷商轉頭問我，玩不玩撞球？「賭球落袋的總數嗎？」我回問。

「不，只撞球，」他回答：「沒有袋子，只有三個球，兩個紅球，一個白球。」我說沒玩過，不過曾見過那樣的球檯，十分好奇那要怎麼玩。

他帶我穿過房子的其他部分，直抵起居室的對面，進入一個英國或費城紳士俱樂部般的精緻房間。我期待著隨時可能有一些老派的、白鬍子的紳士，穿著夾克、夾著雪茄及窄口白蘭地杯，走了進來。

房中擺著一張鮮綠檯布的撞球桌，天花板上有三座大燈，正對著檯子，照得它愈發明亮。這桌檯本身就是件骨董，厚重而古色古香，在桌檯的邊緣及桌腳，飾有手工雕刻。有一邊嵌上一面銅牌，寫著：「謹 獻給安東尼和瑞秋，祝他們三十周年愉快。」

我讀著這面銅牌上的字，抬頭看了看他，而他回答了我未曾說出口的疑問。

「那是瑞秋的父母，她爸爸教她撞球，她再教我。就如同你所見識的，她是一個超級教練。」他說。

「她確實是。」我同意。

「能讓她不凡的因素……」他把一支球桿在球桌上前後滾動二、三次後，交給了我：「試試這支桿……是因為她全神貫注在讓學生青出於藍。不論她教的是騎馬、撞球、還是直銷，都是全心全意地督促你不斷進步，以超越她的成績。」

「令人尊敬的女士。」他滿懷愛意、敬重及難掩的驕傲。

他大致說明這個遊戲的玩法：我們各自擁有一個白色母球，它決定你可以玩多久。得分之鑰，在於用母球擊中其他兩顆紅球的任一顆。他繼續示範、邊解釋說：「這很簡單，是個彈三點的球。」在他打歪時，已經攻下三十・八分。我雖然第一次接觸，好歹也打了六球才坐下來輪他打。

在撞球的過程裡，除了我徵詢他打旋球的技術，或該瞄準哪一點外，我們聊了許多事。

在這屋裡的牆上，有一系列符獵模型及填充的動物標本。他說自己雖然喜歡槍及射擊，但他不是個獵人。他寧可射泥鴿靶，也不願去打真的鴿子，「因為和子從未傳授怎麼美味烹煮它們。」

這些獵物標本屬於瑞秋的爸爸，我的主人保留他的戰利品，紀念的因素多過其他。

我問他瑞秋的父親是怎麼樣的人。「他教我射擊，」他回答：「還有其他，很多、很多。」

「他認為我無法打真的動物，是性格上的弱點。他是一個很有男子氣概的人，一個泰迪・羅斯福型的男人。他曾經告訴我，他留我在狩獵隊的唯一原因是瑞秋心儀我。他是個非常令人難忘的紳士。」

「東尼經營事業很成功，」他繼續說：「雖然談不上大富大貴，但他辛勤工作，為自己及家人投入其中。瑞秋是他們僅有的孩子，所以東尼經常將她當做長子，要繼承家業的。當我和瑞秋結婚時，我一直以為他會堅持我冠他的姓。」

「瑞秋快十六歲時，她很想要一輛紅色旗艦跑車。東尼說，可以呀，我會替妳找一部，但我如何確定妳值得擁有它，並且懂得正確照顧車子呢？她不知如何回答，所以他告訴她，他會為她想出一個辦法，他也確實這麼做了。」

「在她十六歲的生日，他送她一個包裝精美的盒子，裡面裝著新旗艦跑車鑰匙，以及一張寫有電話的紙條。她雀躍不已，環抱著他。你知道那種情形？」我點點頭。

他繼續說：「然後瑞秋問，它在哪呀？我的車在哪裡？他告訴她車子在車庫裡。她跑到車庫去看，車子果真在那裡，但卻卸成了好多塊。」

我八成看來很驚訝，因為他說：「不是說著玩的，車子已卸成好幾件，應該說幾百件。他是幫她買了車沒錯，然後找了當地的技師把它完全拆解，包括引擎及所有的東西，擺滿了一整個車庫的地板。」

「不可思議！」這件事的確超乎常理，我告訴他我無法想像有人會這麼做。

「好傢伙，我也是，」他說：「直到我遇見東尼，他就這麼做了。」

「所以，想想這樣的畫面，瑞秋站在那裡，看著一地的汽車零件，然後他走上前問她：你不想知道那個電話號碼的用途嗎？她說，想呀。他告訴她那是技師的電話，他會協助她把車子完整地拼裝好，他說技師正在等她的電話。」

「瑞秋怎麼辦呢？」我問，仍然對整件事覺得不可置信。

「她把它拚好了，」他繼續說：「花了她整整四個月的夜晚及周末，但她還是辦到了。她那輛車開了十七年，而且誠如他所說，她小心翼翼地保養它。」

「東尼總是令人驚奇，」他陷入回憶中，輕輕搖著頭。

由於他在形容東尼時，動詞用的是過去式，所以，我猜他的岳父大人可能已經辭世了，因此不便再追問。

他問我是否想看看東尼給他的槍，我不曾有過槍，即使童年也沒有玩具槍，我母親非常堅持「無槍械」。但我對手工及有品質的東西，十分喜歡。他向我展示的槍十分神奇，你可以看出並感覺得到這些槍的性能極佳，它們自然散發一種卓越不凡的氣質。

他最喜歡且自豪的是維勒百精緻田野獵槍，這是一組男女對槍，裝在木製襯有綠色天鵝絨的盒子裡，原先是屬於東尼的。他一共有十二桿男性用槍及二十桿輕型女性專用槍。這些槍在狩獵上都有不錯的表現，從掛在牆上的戰利品可見一斑。

我問他是否曾和瑞秋一起出外打獵，他說當然有。我又問誰的成績比較好，他說自己。我接著問他是否有意將瑞秋訓練得比他好，他回答說「不！」

「我為了趕上她已經吃了不少苦頭，再說，要不是東尼教她成為第一流的槍手，你可以確定她對這些興趣不大。所以，我最好是保持較佳的水準自保，至少能保持多久算多久。」他大笑開來，不小心撞偏了一顆很簡單的球。「噢！」他懊惱：「我看東尼有話要告訴我。」

我們大約又玩了個把鐘頭，我打得不錯，尤其對一個第一次玩的新手而言。他教我一些基本打法，如何做球，如何應付不同情況的旋球，我一下子就玩出趣味來。

「撞球與直銷非常類似，」他告訴我：「在許多方面。」

「這是個抓對位子的遊戲。當然你跟前必須打的這一球很重要，但你必須再多往後看二、三步。盡力打好第一球，心裡必須同時盤算下一球……也就是，你撞過第一球後，檯面會有什麼變化。用這種方式，你可以輕鬆地連續打到十、二十、三十分，甚至更多。」

「你往前想這麼多會不會迷失眼前的焦點？」我問。

「不，」他說：「你延伸焦點，擴大到包括你的未來。」他站起來，走到桌邊拿了一支球桿。「你必須確定自己看到較大的畫面……一個動作如何影響下一個以及它的下一個，而這也能聚合能量。當你以較大的視野來規劃事業，你會以長期經營的觀點，來審視周遭事物的優先順序以及你自己。」

「比如像什麼？」我問他。

「成為教導老師，便是個很好的例子。」他告訴我。

「通常，當你把注意力放在教導人們如何傳授時，你的成效會比單純只教人們如何推薦產品及組織，來得遲緩許多。推薦產品並不難，剛開始的確會創造較大較快的直銷收入。」

「可是，當你教導別人傳授的心法時，你下次再直接創造成果，只是在增強別人而已。」我說。

「沒錯，那也是種成果，而且是較大的，這會讓你經營出較持久的成功。在你的組織中，會有較多的領袖及領導文化，而使團隊更穩健、更具生產力。」

「你記得我告訴你我如何起步的嗎？雖然沒有人把這個事業做成功，但對我而言，我自己確實看到明確的成功機會。」

「是的，我記得。」我回答。

「就像那樣，」他說：「當我去了解這個事業如何運作時，我了解它成功的關鍵在於我們是否有能力影響下線去傳承更多教導的使命。由於我看清這一點，因此事業開始真正地成長。我以為我該教導人們寫些引人入勝的銷售信函，但那不是操作的正確方式。我發展一種具說服力的信函，人們可以透過它，以自己的觀點發覺其中蘊含成功的機會。我的下線善用這個工具而獲致成功。不過，當你接觸的人發現有成功的機會後，接下來該怎麼做呢？他們同意試試看之後，一般人會怎麼做？」

「問問題？」我回答。

「答對了！」他回答：「但會問些什麼呢？除非你受過訓練，知道如何幫助人們去發現自己的價值，及什麼對他而言是最重要的，否則你無法把你提供的機會，與他們生命中恆久有意義的事串連起來。對他們而言，那不是希望所寄。你必須找到少數一兩人，他們能自我激勵，知道什麼是直銷、列名單、推薦，就像我們特有的專業技巧，而且能夠再訓練別人。當然，這種人並不多。」

「過去你多半與沒有經驗的人一起工作，設法引導他們成為專業人士。但是哪一方面的專業？是個值得注意的重點，我認為應該是讓他們成為專業老師。」

他停了一下，閉上眼睛，我知道他正在構思他說話內容的相關畫面。我也閉上雙眼，設法去想像相關的影像，希望看看自己能否和他構思出相同的意境。當我張開眼睛，他正瞧著我。

「我的話讓你入睡嗎？」他幽默地問。

我解釋自己在做什麼，他笑翻了。他的笑聲震得木牆及彈子房回音處處。

「嘿，」他問：「那你的影像是什麼？」

「我記起在家鄉新英格蘭領袖營聽到的一個故事，有位學員對我們提及他大學時代的一位音樂教授。你知道，他樂器玩得很不錯，當他第一天走進教室時，老師在台上放了一份非常可怕的樂譜，要他彈奏。他被打敗了，彈奏得一塌糊塗，老師要他回去多多練習。」

「下一個禮拜，他在課堂上出現，以為老師會要他彈奏家庭作業。沒想到，老師又放了一份新的、更難的樂譜在他前面。他原本以為上次已經夠衰了，這次簡直不知該如何說了，他彈得糟到極點。」

「如此繼續了幾個禮拜，他每次都在課堂上被一份新的樂譜剋死，然後把它帶回家練習，接著再回到課堂時，又面臨難上兩倍的樂譜，一點也沒有因為上周的練習而有駕輕就熟的感覺。最後，他變得不安且沮喪，忍不住問老師，為什麼這樣……？究竟這是……？老師什麼都沒回答，抽出最初給他的那份樂譜，態度堅定地說：演奏它！他照著演奏，結果，表現得出奇好！」

「他被震住了，老師拿開那份樂譜，又把第二課放在台上，要他演奏，他聽話做了，只聽見曼妙的音樂從指間滑出，他呆呆地看著老師，老師這才說，羅伯，要是我任由你去演奏你擅長的，你可能還在練習最初的那份樂譜，而且很可能還無法把它演奏得很好。我並不在乎你演奏哪一份樂譜，我關心的是你的演奏技巧。」

「這就是我構思時浮現的畫面。」我說。

最偉大的直銷商在回答我之前，靜默地看著我，他看起來很興奮，開始帶著手勢說話。「那是個了不起的故事，」他說：「實在是太棒了！這不僅是個教導別人的範例，更啟發我們給他魚不如教他釣魚。你知道，當你教他釣魚時，是讓他終生溫飽，而不是只飽食一餐。」

「它也是事業發展的好例子，超越你的舒適圈。因此，那個學生被引領到他自己不可能獨力完成的境界。不簡單，他有這麼個好老師，我真想引薦那個傢伙到我的直銷事業裡！」

「哪個傢伙？」瑞秋走進房裡問，並且問她先生：「準備去散步了嗎？」她穿著條紋牛仔褲、工作服襯衫及一雙舊便鞋，看起來像大學女生。

「當然，讓我換個衣服馬上下去。」他還穿著沙龍，我意識到自己也是。

「不需要！」她丟給他一件長褲及一雙便鞋、襪子。

「好，」他說：「我去換上這些，你和瑞秋說說你剛才告訴我的那個故事，然後和我們一起去散步，好嗎？」

我看看瑞秋。「他在問你。」她說。

我指了指我的沙龍。

「噢！」她說：「你的衣服還在浴室嗎？」

「是的。」我回說。

「來吧！」她示意要我跟著她走：「我們去拿你的衣服，然後你一邊告訴我那個故事。」

「好的。」當我的主人離開彈子房去小浴室換衣服時，我隨瑞秋去拿衣服，並告訴她整個故事。

她幾乎和他有完全相同的反應。「多麼棒的故事！」她說。

「你可以多告訴我一些關於老師的事嗎？」我走到浴室時問她。我拿起衣服八成有點失望的樣子，因為沒有可以更衣的地方。瑞秋微笑地指著我的衣服說：「請便！」隨即轉身離開，在外等候，為了繼續交談，所以門未上鎖。

我換衣服時，她大聲且清晰地解釋傳授老師，以便我能聽清楚。

「你看過空手道教練手劈木板或磚塊嗎？」她幾乎用喊的。

「有。」

「你可以想像他如何凝聚所有的力道嗎？」

「集中在木板的中心點。」我合理的假設。

「不是，你說得很合邏輯，但那樣絕對行不通。他引導自己所有的力道，聚向最下面一塊板子的一點。那才是焦點……目標所在。依循這種方式，空手道高手可以確知所有能源的爆發力，可以穿過全部的板子、障礙。」

「當然，你需要教導下線產品知識，並讓他們去和更多人分享，而且他們必須了解高報償的獎金制度，甚至於他們應該對直銷事業有相當的尊敬及自豪……這些都很重要，但最重要的關鍵是，應該教導他們懂得傳授別人成功之道。」

我穿好衣服踏出去，她的音量隨著我的現身而調低。「這是我組織中每位領袖必備的無私特質。當我說『幫他站起來』時，你能了解我的意思嗎？」她問。

「大概可以吧，」我告訴她：「幫他站起來有點像……嗯，『依靠你的男人』這首西洋鄉村歌曲的歌名，雖然我不懂鄉村音樂。」

瑞秋開懷地笑著說：「很好，那正是我的意思。那有點像支撐別人，也有點像古老時代女王為英勇騎士護持。在我們的事業裡，你幫組織裡的下線站起來，你護持他們達到成功，而最快也是最直接的方法，就是教導他們如何再去啟發其他的人。」

「其實，」她補充：「教他們去護持別人，幫他們的下線站起來，這也正是你故事中的教授為他的學生所做的，他護持他的學生表現出最好的潛能。有時，為了達到這一點，你必須磨練他們。要是你的心靈彈性不夠或不習慣這麼做，有時會蠻傷自己的。」

「但是，對增長你的自信習慣而言是頗有幫助的，你會習慣為目的而能屈能伸，這會使得你自己的心靈更有彈性。」她說著，我們已經走到前門，她先生正等在那裡。

「所以，你希望故事中的老師在你的組織裡？」她問他。

「當然，妳不想嗎？」他反問。

她用手指點了點他的胸膛說：「我已經找到他了！」作勢咆哮卻親了一下他的臉頰，開了前門說：「走吧，紳士們。」

看完這章請想想：

1. 你生命中有沒有一位「讓你變得更好」的老師？他是怎麼教你、啟發你？你最記得他哪一句話或哪一個做法？
2. 有沒有一件事，你過去花了很多時間摸索，跌跌撞撞才學會？如果現在有人正要開始走那條路，你會怎麼幫他少走冤枉路？
3. 你有沒有教過別人做一件你自己很會的事？那時你有沒有發現，教別人和自己做，其實不太一樣？差別在哪裡？

第十四章

你下一步做什麼

一壺熱茶、一張字條，這趟旅程真的開始了……

夕陽沉落，我們走到屋外，晚風徐徐，林樹傍著行道。這是個溫暖的夜晚，樹梢新葉嫩芽隨風搖曳輕舞。我們靜默良久，唯一的聲響，是大夥兒走在黑色車道的足音。

我再次反芻這兩天來的所做所聞。兩天，抵得過好幾個禮拜！不，更多。我看著他們兩人攜手同行，英俊、美麗、堅強、成功，而且……多完美的一對佳偶啊！擁有我想要的一切特質，我突然好想和妻子凱西及孩子們在一起。

看來我背離了家人，我想。我曾經抽離自己，逃避他們如同逃避其他所有的事情。走著走著，不自覺地看著自己的腳，長歎了一口氣。

「他正在思索。」瑞秋表示。

「他是。」她先生回答。

「為什麼他盯著自己的腳？」瑞秋問。

「蛇，」她先生說：「他怕我們被蛇咬。」

我笑了出來。

「新習慣，我的朋友，」瑞秋說：「當你自覺又陷入舊日的思維習慣，為了換個角度切入，最好是開始在心中播放電影。選個場景，任何場景都可以。」

「噢……」我又歎了口氣：「真有那麼容易嗎？」

她說：「這需要點時間來調適，畢竟舊習慣已經根深蒂固了。」

「是的，我知道。」我說。

「還有件事，」傑出男領袖補了一句：「別忘了，你是對誰承諾？」

「對我妻子、小孩及自己，承諾成為這個行業的佼佼者。」我望向他們。

「那麼，接下來你打算怎麼做？」他問。

「天呀！」我再次長歎，這回我吐光胸中鬱氣，讓自己靜空下來。在深吸一口氣時，我伸挺腰背、閉上雙眼，一些影像一幕幕浮現在我的內心電影院。

有些影像是我正興奮愉悅地和人們交談，其實，以往我打破緘默和人們交談，是為了某種恐懼或情結。像我工作的老闆、我那頑固的岳父，還有其他許多老友、陌生人，我認為他們不會想聽我對直銷的解釋。但在這次浮現的影像裡，我倒是輕鬆自在、不費吹灰之力、開啟成功的談話，而且他們都因為談話的內容而更喜歡我，我也得到他們的欽慕、尊敬與信任。

我在夜色漸濃中打開雙眼，越來越多的影像浮現心頭。它們自然湧現，不需我刻意的作為。

我想到和妻子及孩子約定時間，讓孩子來教我如何和他們一起玩樂，我的妻子也是。我看到我們一起奔逐嬉戲，從佈滿落葉的山丘上滾下來。在迪士尼樂園，我們一起搭乘各項遊樂設施，和迪士尼裡的演員合照，有米老鼠、高飛狗……我看到我們一起衝浪……一起做很多事……在雪中玩、上滑雪課、追逐螢火蟲、歡笑、擁抱、手牽手、說故事、親吻他們道晚安……

還有些場景是，我和凱西約定去吃羅曼蒂克的義大利晚餐及周末出外度假，看到她明亮動人的外表，美極了！人們盯著她看，不覺放慢腳步……我多麼有面子、多麼幸運！她是多麼美妙、多麼可愛、多麼堅毅有力……我看到我倆在歐洲，她手上戴著夢寐以求的晶盈綠寶石戒指……我看到我們沈醉在未曾有過的歡愉中，更貼心、更能交談、分享……更多的愛。

我看到自己回到劍橋，和夥伴開懷大笑，得心應手地使用電腦，成為一個真正的領先者，我再次想擁有這些……現在，就是現在！我想擁有那種感覺——自己正在從事一些別人連想都沒想過的事，可以是諧趣自娛的，如一場球賽，或一個有趣的競賽。

我看到自己穿著全新套裝，義大利的、英國的……有袖扣，看來很有品味，鮮明的領帶、襯著相搭的手巾……卓越……戴著金光閃閃的勞力士錶……一一握手……察覺到人們在我不注意時指指點點……談論著我……我是多麼成功……我是多麼不凡……我是如何獲得天寵……他們多麼想像我一樣……

我投影自己走在日本奈良，走在風景明信片般精緻的鵝卵石街道，站在和子宅院前，庭園之美令人震懾。在那裡，我像在家一般自在，在地球的另一端，真高興有她這麼一位朋友。我看到自己周遊列國，中國、法國……各式各樣的地方，和朋友交談……受人歡迎……有價值的……榮耀的。

我期待著自己對人們講述直銷，坐著、誠摯和他們談，回答他們所有的疑問。我看到自己在教導別人、親近他們，站在他們的立場關心他們，規劃他們的夢想，指引他們用一些不曾認為可行的方法來達成目標，我看到自己成為激勵別人的人……證明他們做得到……

「看看我，」我看到自己告訴他們：「如果我做得到，如果我能成功，你也……」

「加把勁……」

「只要改改你既有的信念……」

「既然是你自己促成所有的事，為什麼不也同樣促成自己的美夢成真……」

「來……和我一起加油！」

我停下腳步看看四周，只有我一個人。我回頭看著漫長的車道，視線所及沒有半個人。我微笑、輕歎，他們知道，我想。

我踽踽獨行在樹影飄拂的車道，一邊體驗鄉間夜晚特有的景色天籟，一邊在心中檢閱所有的景象。

我走到車道終點的停車場，月光流瀉其中。我的車子雨刷上，夾著一大張紙。我走過去輕輕拿起，看著紙上手寫的留言。

「歡迎你在我們家過夜，你的床已經準備好了。但我們認為你可能想回家，和家人團聚，所以我幫你準備了一壺熱茶，放在你車子的座位上，它可以幫助你提神。

下禮拜到飯店，我被邀去演講。隨時打電話給我們，你對我們而言，不同凡響。」

我仰視著這棟豪宅，雙手放在兩側，輕輕鞠躬，就像我看和子做的一般，並且大聲說：「謝謝兩位，謝謝一切，由衷感謝。」是的，我確實渴望馬上和家人在一起，上車後一路開回家。

看完這章請想想：

1. 你是否也曾有過被某個場景感動得想馬上改變自己的時刻？那一刻是什麼情景？它喚醒了你心裡什麼渴望？
2. 當你心裡浮現一幅「理想人生」的畫面，你最先想到的是什麼？是誰陪在你身邊？你們正在做什麼？
3. 想像一下，從今天起，你的生活每天都往這幅理想畫面前進一小步，那你今天會做哪一件事當做起點？

第十五章

一帆風順航向成功

站上講台，在眾人歡呼中，正要說出心裡的祕密……

這個禮拜過得真充實！在我周四結束工作開車到飯店時，心裡這麼想著。若是之前有人告訴我，那些事情將發生在我身上，我一定會嗤之以鼻。但現在，我開始相信什麼事情都有可能。

有件事可以確定的——你所需做的，就是開始相信，然後去實踐，就能有所獲得。

我上周末深夜從最偉大的直銷商家裡回到住處後，開始嘗試平衡心中的各項評核準則。

我走進家門時孩子們都睡了，凱西還沒睡著，所以我們徹夜長談，談我周末經歷的事，談到我的舊信念及新信念，也聊到她相信及希望能改變的舊習慣……我們從年輕時約會以來，不曾如此深入地談心過。

雖然我因為一夜未眠而累垮了，但那個星期日仍是美妙極了。當我們第一個到達那裡時，凱西和我知道這個地點非常特別，我們爬上去，穿過森林，孩子們追逐奔跑……那兒有個我們很早以前找到的池塘，我們衝下去游泳，把孩子拋得高高……我不記得自己如此自在過、如此放鬆、如此有居家的安定感。

我們一起到義大利餐廳用餐，這家餐廳就是最偉大的直銷商那晚帶我去的。餐廳的服務生還記得我，趨前來服務的領班更是一再說，能再見到我，真是太好了。凱西挑高眉毛盯著我看，我愛死這種感覺了！

你或許不敢相信，記得我招不到半個下線嗎？嘿！你猜怎麼回事？這禮拜我找到三個下線，三個唷！而且今晚，其中有兩個會來參加會議，並且各帶一個新朋友。真心不騙！

這還不是最精彩的呢！我還推薦了一個下線——我的老闆！前幾天吃午餐前，他走進我的辦公室說：「老兄，我不知道你在搞些什麼，但我想馬上知道。」我笑著說，如果他請我吃午餐，我一定讓他值回票價。他聽完我的解釋後，當場就簽約加入直銷了。

更值得一提的是，我的老闆說多年來即對直銷有興趣，但他聽到不少很兩極的評論，直到我向他解釋，他才真正弄懂直銷是怎麼回事。他還告訴我，他大學畢業當過老師，但薪水太微薄了，再者，他真正有興趣傳授的是，如何在人生路上成功。「直銷聽起來很符合我想要的，」他問我：「我該如何開始？」

太不可思議了！每件事都很不可思議。事實上，我的生活在五天內有了一百八十度的轉變。

我將車開上飯店大門前，克里斯，我上周碰到的門房，在我車子未熄火前，走上前來為我開門。

我和他打招呼，並問他是否能幫我把車停在灰色小貨車後，他回說好。我問他上回提到想去日本的事是否認真，他說當然。於是我又問他，可不可以一起吃個飯，找個時間談談那件事。他說他很期待，我們彼此握了握手。

我走進飯店大廳，找尋我的下線及他們的客人。哦，他們在那裡，比我預期的還多兩位！我全神貫注地和他們長談，問他們問題，一直沒注意到身旁悄悄地站了個人，直到交談暫停時，我聽到一個熟悉的聲音：「對不起，我只是想過來告訴你，你看起來好極了！」

我伸出手，但他拂過它緊緊擁住我，並拉我到一旁端詳我說：「你好嗎？你好嗎？你看起來不同凡響！」

「比你看到的還要好！」我的聲音中有掩不住的喜悅。

他嘉許地點點頭：「我就說嘛！」以他特有的爽朗笑聲笑了開來，越笑越開懷。

「見見我的朋友。」我一一向他們介紹他，從他們臉上的表情可以讀出，他們對參加這次會議及認識最偉大的直銷商，表現出青少年般的憧憬。太好了！我稍稍往後移了移，好讓他歡迎他們，並問他們問題。當他知道我剛推薦他們加入，而且他們是多麼興奮能來這裡時，他數次以激賞的眼光投向我，嘉許地點點頭。

這種感覺真好！

他轉向我，一隻手搭在我肩上：「你學得真快，我的朋友。」

「因為我有一流的老師。」我回答。

「謝謝。」他捏了捏我的肩膀，深吸一口氣笑著說：「現在，你準備好超越老師了嗎？」

我看進他的雙眼，找不到任何可解讀的資訊，我也知道不可能有的。因此，我閉上雙眼，同樣深吸一口氣，各種影像浮上心頭，最明顯的一個是——我是一個積極主動的、有才能且強而有力的領導。

「是的。」我睜開眼睛回視他。

「好，」他說：「會議要開始了，我們坐下來吧。」

這個會議是我參加過最好的一個，精力四射且充滿幽默及歡笑。會議在演說家一個接一個的生動表演下順暢進行。而我從我的客人臉上看出，他們十分感興趣而投入其中，而且他們也很開心自己能來參加。

最後，他們引介最偉大的直銷商出場，在場人士立即站起來向他致意，並夾雜著歡呼及口哨聲。

他走到人群前，向大眾致意。在大家鼓掌結束陸續坐定後，他仍安靜地站了好一會兒，只是看著大家，彷彿要觀照到每一張臉。

然後，他開口說：「今晚，我將向各位揭露成功的秘密。要是你們聽得夠專心，應該察覺到我說的是揭露而不是告訴。

「你們全都聽過很多次成功的祕密，你們其中有些人，也因為聽過這些，而使得人生有巨大的轉變，但是對大部分的人而言，光聽是不夠的。

「同樣的，你們其中也有不少人讀過成功的祕密，雖然也有些人從中獲益良多，但單單資訊本身，並不足以促成你生命與工作產生改變。

「你們還記得自己小時候是如何學走路、學騎腳踏車的嗎？有人向你們示範。

「你觀察成年人走路，看他們是怎麼做的，然後有人牽著你走，幫著你，當你跌倒時扶你起來，一直都有人拉著你的手，於是，早晚你會跨出步伐，移動你的腿開始走路，最後，你終於可以放手一個人走了！

「還有人會把你放在腳踏車上，在你車旁跟著跑，抓著座椅穩定它，以免你摔下來，並不斷向你示範如何騎腳踏車，然後有一天，也許就在有人示範後的幾分鐘、幾小時或幾天，你會騎車了！一開始可能有點不穩，你心裡有點害怕，但終究你能騎上車道，自己騎好腳踏車，最後，你可以輕鬆自在地騎了！

「在不同的例子裡，你會發現，雖然你知道怎麼走、怎麼騎車，但知識並不足以產生行動力，因為你知道如何做卻無從去做。所以，我們從生活中的一些事例可以得知，單單資訊是不夠的，你所知道的事往往無法直接對你有所幫助。

「回想看看，你可能假設自己所不知道的，就是成功的祕密。當你獲得相同知識時，只是學到原先不知道的事，就像你走路、騎腳踏車。

「但假如仔細回想，你會發現走路和騎車的祕密，並非來自你的知識，也不是來自你自以為還沒認知的事，最特殊的祕密存在於廣闊尚未研究的知識領域。

「我使你困惑嗎？希望沒有。這只是一個簡單的概念，卻是我們開展人生最有創意及能量的強力資源。

「走路及騎車說穿了不過是平衡一事，但平衡不是你可以擁有或與生俱來的某件事物，也不是你做某件事就可以獲得，雖然往這裡動動或往那裡移一點，能幫你達到平衡，但單單動作本身並無法使你平衡。

「平衡是一種狀態，是一種身處其中卻又不陷入其中的微妙情境，也是讓你成就的關鍵。

「當你進入平衡的狀態，你就得到祕密了，誰也無法從你身上取走它，所以，它不可能失去或被偷，它甚至不可能被遺忘，雖然有時你會覺得自己不記得是否還刻在腦海裡，但它們不會就不見了。

「為什麼我要告訴你們這些？你們一定有些人已經開始這麼自問了，」接著他爽朗的笑聲充滿房間：「我從你們某些人的臉上看到這點，很好！」

「我告訴各位有關示範、有關你並不知道自己不知道些什麼、有關平衡……是因為成功，不論是擁有成功或做成功的事，也同樣要求平衡，它是一種身處其中的情境。

「要嘛，你成功；要嘛，你不成功。這中間沒有模糊地帶，黑或白，沒有灰色地帶，就像懷孕，有或沒有，一翻兩瞪眼。

「所以，你們成功了嗎？你們說呢？」

他停了一下再次審視每個人，我也問了自己這個問題：「我是不是成功了？」並然後立即大聲回答：「是的！」

他直直地看著我。「你回答『是』？」他移到講台上較靠近我的地方。

「可不可以請你站起來，謝謝！」他說。

我站了起來。

「你成功了，」他說：「太棒了，告訴我，你何時得知的？」

「周日。」我說。

「上周日嗎？」

「是的，就是上周。」我聽到身後的來賓笑了起來。

「請上台來告訴我們究竟怎麼回事。」他邀請我。

我深吸了一口氣看著他，他微笑並鼓勵我上台，我起身走上台，站在他旁邊。他向來賓介紹我，為我拿了一個麥克風，當後台工作人員上來，為我配置麥克風並試音時，他向大家解釋我們相遇的過程。

他告訴大家，這個男人是他上周才碰到的，坐在這個房間後段隱密的角落。他仔仔細細地報告我如何向他描述自己的事業及我當時的感覺，以及我打算做些什麼。那是上週日，我出席「最後的一次會議」，因為我已經決定不幹了。

接著，他告訴大家我獲得的成功，他說我不僅推薦了新下線，甚至還邀請客人今晚出席會議，他也形容我的客人看起來是如此興奮及熱衷於今晚來此……他如何與他們交談，他們說了自己如何發現直銷，並找到人們以自己價值為榮的地方，使他們得以實現人生目標，這正是他們尋覓的事業。

他還告訴觀眾我曾和他分享的人生目標、我認為有價值的事物、它們對我的意義，以及它們如何支持我。

在他說話時，我深深被他提及我的事情的尊榮感所感動，淚水一直在眼眶裡打轉，我拿起眼鏡擦去眼淚。從來沒有人如此談論我，當然，更沒有人在幾百人面前這麼做。

他說，我是「……他莫大的啟發者。」

他說，他是「……如此地以我為榮。」

他稱呼我「一個年輕的大師。」

接著他說：「我曾答應要向你們揭露成功的祕密……」

他一隻手環過我的肩膀，另一隻手指著我說：「這就是了！」

整間房子靜得壓迫我的聽覺，仰視著我的聽眾臉孔又模糊不清。我有一種往下跌的錯覺，雖然我一直站著，雖然我知道自己的雙腳正堅定地站在鋪了地毯的講台上，但卻有腳不著地的感覺。

有個影像掠過我的心頭，如水晶般晶瑩且明亮刺眼——在一個擠滿人群的房間裡，我正從講台往下看他們，他們站著、鼓掌著、歡呼著，我傳授他們一些改變一生的觀念、一些令人深深感動的事、一些鼓勵他們的事……激勵了他們，他們都感謝我。他們走上講台，和我握手致謝，告訴我，我所說的及所做的，對他們而言是多麼有意義。

有一個女人特別站了出來，她雙手執起我的手說：「謝謝，多謝你向我揭露人生目標，向我揭露如何去相信……我自己。」

我的思緒被最偉大的直銷商環在肩上的手臂打斷了，他用力地摟抱了我一下，然後往後站一步並看著我說：「你對我們而言，意義不凡。現在，向他們揭露成功的祕密。」接著，他就走下講台。

當下，觀眾們跺著腳歡呼，大聲叫著我的名字。我受寵若驚，我記得自己是輕輕舉手向大家致謝，微笑地說：「謝謝，十分感謝。」

會議廳裡充滿他們熱情的掌聲，當我望過群立的來賓，我看到他站在最後面的門邊，我們兩個對到眼神，他面帶微笑地點了點頭。在歡呼鼓噪聲中，我聽到熟悉的爽朗笑聲。他舉起手，向我揮了揮，然後走出門去。

這一切，太不可思議了！

看完這章請想想：

1. 在這章中，主角的生活在短短幾天內有了劇烈轉變。你有沒有類似轉折點的經驗？回頭看，那是怎麼發生的？
2. 書中說：「你所需做的，就是開始相信，然後去實踐，就能有所獲得。」你是否有什麼夢想，是可以從「開始相信」做起的？
3. 書中說：「平衡不是你知道什麼，而是一種你身處其中的狀態。」你是否曾有過那種「突然就開竅」、「感覺事情順起來」的時刻？那時你正在做什麼？有什麼不同？

贏得一生尊榮與自在 / 約翰.福格(John Milton Fogg)原著
; 蔡淑賢, 戴淑如譯. -- 三版. -- 臺北市 : 傳智國際文化事
業股份有限公司, 2025.06
216面 ; 14.8 x 21公分. -- (激勵系列 ; B63)
譯自 : The greatest networker in the world.
ISBN 978-986-97074-7-3(平裝)
1.CST: 銷售 2.CST: 成功法
496.5 114007875

贏得一生尊榮與自在

THE GREATEST NETWORKER IN THE WORLD

激勵系列 B63

作　　者：約翰・福格（John Milton Fogg）
譯　　者：蔡淑賢、戴淑如
總 編 輯：常子蘭
美術編輯：王志強
執行編輯：黃月霞

出 版 社：傳智國際文化事業股份有限公司
發 行 人：李久慈
地　　址：100005台北市中正區博愛路9號4樓
電　　話：+886-2-2368-4498
傳　　真：+886-2-2718-8883
網　　址：http://www.brainet.com.tw

匯款銀行：台北富邦銀行 - 松高分行
匯款帳號：709102005022
戶　　名：傳智國際文化事業(股)公司

總 經 銷：聯合發行股份有限公司
電　　話：+886-2-2917-8022
印　　刷：中華彩色印刷
三版一刷：2025年6月
定　　價：新台幣280元

傳智集團 BRAINET GROUP

ISBN：978-986-97074-7-3（平裝）